U0159348

罗伯特·文丘里自选集

通用建筑上的图像和电子技术：
源自绘图房的视角

ICONOGRAPHY AND ELECTRONICS UPON A GENERIC ARCHITECTURE
A VIEW FROM THE DRAFTING ROOM

[美]罗伯特·文丘里（ROBERT VENTURI） 著

王伟鹏 陈相营 童卿峰 译

中国建筑工业出版社

著作权合同登记图字：01-2022-3250号

图书在版编目（CIP）数据

罗伯特·文丘里自选集. 通用建筑上的图像和电子技术：源自绘图房的视角 /（美）罗伯特·文丘里（Robert Venturi）著；王伟鹏，陈相营，童卿峰译. — 北京：中国建筑工业出版社，2022.9

书名原文：Iconography and electronics upon a generic architecture : A view from the drafting room

ISBN 978-7-112-27982-1

Ⅰ.①罗… Ⅱ.①罗… ②王… ③陈… ④童… Ⅲ. ①建筑学—文集 Ⅳ.①TU-0

中国版本图书馆CIP数据核字（2022）第176989号

本书由美国MIT出版社授权我社翻译、出版、发行本书简体中文版。

责任编辑：李成成　戚琳琳　李　鸽
责任校对：张辰双

罗伯特·文丘里自选集

通用建筑上的图像和电子技术：源自绘图房的视角

ICONOGRAPHY AND ELECTRONICS UPON A GENERIC ARCHITECTURE
A VIEW FROM THE DRAFTING ROOM

［美］罗伯特·文丘里（ROBERT VENTURI）　著

王伟鹏　陈相营　童卿峰　译

*

中国建筑工业出版社出版、发行（北京海淀三里河路9号）

各地新华书店、建筑书店经销

北京锋尚制版有限公司制版

北京中科印刷有限公司印刷

*

开本：787毫米×1092毫米　1/16　印张：21　字数：287千字

2022年11月第一版　2022年11月第一次印刷

定价：**98.00**元

ISBN 978-7-112-27982-1

（39714）

版权所有　翻印必究

如有印装质量问题，可寄本社图书出版中心退换

（邮政编码100037）

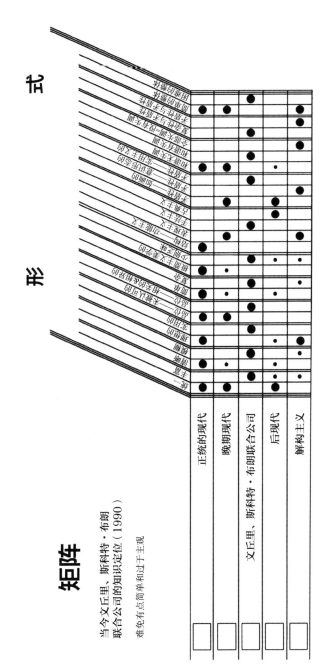

矩阵

当今文丘里、斯科特·布朗联合公司的知识定位（1990）

难免有点简单和过于主观

1990年，为东京的一次演讲所做的图表，发表于"文丘里、斯科特·布朗联合公司"的展览目录上（首尔：Plus Publishing Co., 1992年）。

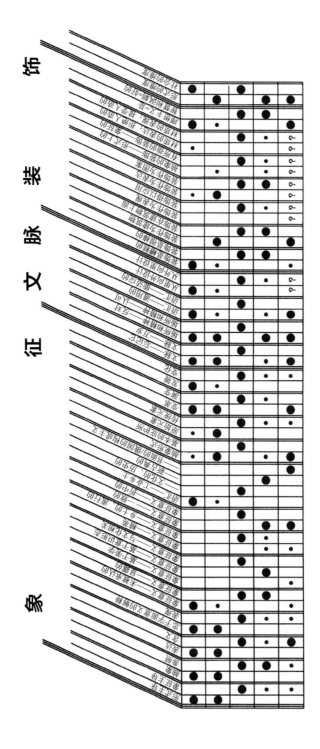

罗伯特·文丘里

献给客户，没有他们的挑战、理解和信任，

我们不可能成为艺术家

前 言

　　我希望这些文章和格言源自可靠的经验——生活和工作的经验——而不是源自建筑师圈子中流行的为了给人留下印象而研究出来的知识。他们的方式是美国的，那就是简单而直接，我希望是按照富兰克林、林肯或海明威所建立的传统——即使成果不是如此，至少目的应是如此。

　　由于这些文章往往是对特定环境的即时回应，因此它们各自均为一个整体，而不是更大整体的一部分。这些文章的内容偶尔会出现重复。但是，它们自然呈现出一种普遍的方法——前两篇文章旨在建立整本书的基调。

　　其中有几篇文章是我和丹妮丝·斯科特·布朗（Denise Scott Brown）共同撰写的，由此反映出我们近30年的美好伙伴关系，这种关系丰富了我们的工作和思想。

　　我要特别感谢琳达·佩恩（Lynda Payne）多年来在这件作品上展现出来的技艺、敏感和耐心。对于埃里克·约翰逊（Eric Johnson）在编辑和组织材料方面的默契、付出和文采，我深表谢意。麻省理工学院出版社的罗杰·科诺菲尔（Roger Conover）和马修·阿巴特（Matthew Abbate）的理解和指导，均已超出职责的范畴，我同样深致谢忱。

目　录

向……学习

在工作中

反驳

格言与杂录

结语

通用建筑上的图像
和电子技术

甜与酸

甜与酸

作为适应手法主义二元性的一种比较分析方法和设计途径
论证一种由图像学和电子学定义的通用建筑

最初发表于《建筑学》(*Architecture*),1994年5月,第51–52页。

甜

　　一个温和的宣言,承认通用建筑的消亡,这种建筑被定义为表达空间和工业结构。

　　现在,让我们承认建筑在意识形态上是不正确的,在修辞上是英雄主义的,在理论上是自命不凡的,在抽象上是无聊的,在技术上是过时的。

　　让我们承认建筑作为庇护所和象征的基本品质——可建造与可使用的庇护所,作为生活环境也是有意义的。庇护所和象征性是建筑中不可避免的、公认的和明确的元素,包括符号、参照、表现、图像志(iconography)、透视法和错视画(trompe-l'oeil),将这些作为其有效的维度,起到了明显的唤醒作用。让我们承认这些元素是建筑艺术的起源和基础:

　　　　• 庇护所承认在它的意象形式和象征中——它的象征性可以在通用形式中并存,有时独立,有时相互矛盾,所以应当说,在我们的时代里,形式追随功能,同时形式适应功能——庇护所作为象征性的媒介,适应我们时代的技术现实,承认世上存在的文化背景差异和文化的多样性,这使生活有了生动的背景,而不是为表演提供了戏剧性的布景。

　　　　• 并非从文艺复兴传统而来的象征性,其建筑形式参考了源自理想过去的古典秩序——不是从最近的现代和当前的现代复兴传统，其建筑形式隐晦地参考了理想过去的工业秩序——不是从后现代主义，其象征建筑发扬了一种19世纪的折中主义，风格上让人联想起不相关的浪漫式、历史式，而且不是偶然地来自迪斯尼世界的建筑，其引发共鸣的表现来源于三维的鸭子，而不是二维的图像。

• 但这种象征性可能源自古埃及、早期基督教和拜占庭以及巴洛克传统，在这些传统中，一般建筑的表面都有装饰性图案——埃及石砌寺庙上象形的浅浮雕，早期基督教巴西利卡和拜占庭穹顶上的肖像壁画和马赛克以及巴洛克教堂内的透视或错视画。这些图像既是符号也是装饰——信息来源明确，实际上是独立于通用建筑的平面形式和遮蔽表面，它们被应用到所有地方——它们使人联想到视频投影，投影到独立的建筑表面，在巴西利卡的墙壁上，圣人的脚可能因拱的开口而被截去。

• 还有一种象征手法暗示了神殿外部的装饰表面和巴西利卡内部的相关性——我还应该涵盖其他先例，比如1920年代康斯坦丁·梅尔尼科夫（Konstantin Melnikov）的构造主义设计中使用的超级图形，或者是在北欧乡村建筑的表面上描绘三维建筑元素的人造装饰，这是在乡野文化的廉价家具上展现昂贵的材料。但它也表明了我们在电子时代的不同之处。在这个时代，计算机图像可以随时间而变化，信息可以无限多样化，而不是教条般的普世通用，交流可以容纳文化和词汇的多样性，低俗和高雅、流行和高贵——源自世界各地。在这种背景下，东京和大阪的建筑物顶部的大型广告屏幕以及寺庙象形文字和马赛克图像，都可以作为使用视频显示系统的普通建筑的先例——在这里，像素的闪光可以与镶嵌体的闪光相媲美，LED可以成为当今的马赛克。我们可以在室内或室外做阿波利奈尔·诺沃（S. Apollinare Nuovo）所做的事。

这里的建筑作为一种图像呈现，日夜从其表面发射电子图像，而不是作为抽象形式的建筑，只在白天其表面才反射光线——一个拥抱人类维度而不是抽象表达的建筑——庆祝一个几乎全民识字时代的开始，拥抱意义而不是表达。

表现性建筑通过信息来产生艺术是有危险的。说教者可以利用这种方式来宣扬艺术中的意识形态。抽象表现主义更加安全。但是现在可用的技术可以帮助我们通过灵活性来实现变化和平衡，通过多样性来促进丰富性。我们的图像不会刻在石头上。

重要的是要记住，这是一个认可我们时代的象征主义和图像学的通用建筑，表现着装饰，呈现着细节，而不是融入其中——这是视觉细节吗？——其灵活性——空间的、机械的和图像的——可以明确地适应变化。正是这种普遍的品质在适当的时候可以凌驾于图像之上。

这种生动但尚处于起步阶段的设计方法有什么明确的含义？谁能确切知晓呢？也许关于这种艺术媒介的指引可以来自我们的孩子——当然不是来自我们年迈的先锋派，而是来自那些熟悉我们这个时代的电脑技术的人，他们能利用正在飞速发展的真正电子技术的实质，而不是描绘一种古老的工程技术的形象——让建筑成为孩子们的东西，而不是古老的守护品。让我们探索电子学，而不是提升工程学。

建筑在风格上承认工业革命是很晚的，大约是1910年法古斯鞋楦厂建筑语汇的出现：让我们及时承认现在的技术，承认视频电子技术超越了结构工程技术；让我们认识到信息时代的电子革命，并宣称自己是图像学的破坏者！虚拟建筑万岁！

酸

对颓废建筑的一种酸酸的或俏皮的补充描述：

多样的矛盾修辞法也许是识别当今主导美国建筑之落后前卫派的最佳方法：

所确立的前卫是自封的、学术的、新闻式的，最关键的是英雄式的。

当荒诞已成过往，宣称荒诞是允许的。

从美学、技术、理论、情感和冒险等角度，推广现代复兴风格——推广用金属框架这种香料过度烹调已反复加热过的剩菜。

实际上包含了俄罗斯构成主义和德国表现主义的颓废版本。

推广被大肆炒作的、歪斜版本的建筑式雕塑，自相矛盾的装饰代表着英雄式功能主义者、暴露框架的结构，象征着19世纪的工程学——虽然每个人都知道工业革命已经消亡。

在立体主义抽象的基础上推广真正的工业的状似贝壳的装饰——那是难以维持的。

宣称一种现代复兴风格，推广一种普世背景下的单一文化理想，因为害怕暴露出缺乏从事历史象征主义和多元文化主义所必需的教育：新现代主义会是文盲的最后手段吗？

通过对理论的浮夸而深奥的转变以及向其他学科借来的不合适、不可靠的肤浅之物，来证明建筑的概念化和非物质化。

用辩论代替理论，用意识形态代替感性，内容和相关性最终暴露皇帝的衣饰匮乏（更不用说在建筑的社会维度上创造了一个空白）。

同时充分满足了当下的新闻限制条件，因为它促进了建筑被当作趋势、海报和口号。

但有一种方式，这种特殊的讽刺形式的后现代主义（意思是伴有扭曲的复兴风格——这种扭曲可能掩盖了这种新现代建筑固有的历史主义）确实以一种方式，以一种微小的方式，与我们的电子时代的真正高科技联系在一起。

通过基于线框图像的计算机辅助设计而来的装饰进行连接。

用扭曲来连接，这些扭曲——主导这种建筑的特有的形式主义扭曲——的确源自计算机技术。

由CAD系统提供图形选择机会，并由解构主义设计师加以利用，他们仅仅是在电脑上进行打孔、旋转和拉伸，以展现对于复杂性和矛盾性的强制装饰式的几何表达，对于经典现代建筑形式的敬重颇为怪异，实质上是亵渎了它的原则。

在过去的几十年里，我们不得不忍受晚期现代主义乏味的傲慢，巨型建筑都市化的夸张姿态，符号学的愚蠢应用，后现代主义如暴发户般的历史主义，而现在施虐、受虐的表现主义对解构主义的应用，因为复杂性和矛盾性而变得猖獗——表现派立体主义和工业装饰的时髦并列，以及最近可称为曲线有机工业的东西。

而复杂性变成了如画的动机，矛盾性变成了自相矛盾的一致，模棱两可变成了浮夸的拱门。

哦，这种复杂性和矛盾性源于现代经验的复杂性，而不是源自现代意识形态的复杂性，现代意识形态将空间幻想作为一个如画的整体：打倒建筑中的复杂性和愚蠢行为。

在过去，当机构是保守而不是前卫的时候，这要容易得多。

进化和革命，万岁，但在建筑上是伪革命！

打倒20世纪末密斯式的华而不实的现代，有机变成了性高潮，复杂性与矛盾性变成了矛盾性与矛盾性，工程图像作为装饰框架从偶然的庇护所中伸出来，所有这些都不如古埃及塔有意义。

多么讽刺的是，我们过于尊重现代建筑，而没有在装饰上扭曲它。

哦，在大肆宣传极简主义的新现代时期，我们感到无聊！

本文附带的插图表明了建筑图像的历史先例以及我们公司作品中的演变和连续性，它从一开始（我现在意识到）就通过图像和标志承认象征、习俗、表现和唤起的有效性——从富兰克林·罗斯福纪念堂设计竞赛开始，在那里，步道演变成了一个充满图形的广告牌，到足球名人堂的建筑板，将电子图像和信息投射到停车场和野餐场地上，到波士顿的科普利广场，它代表了美国网格状的街道形态，里面有一尊圣三一教堂的雕像，然而我们早期的住宅看起来就像住宅。我很高兴我所宣扬的正是我们一直在做的事情。

一个不那么温和的宣言

写于1994年。

在当今建筑的文脉中用比较的方法来阐明现在的建筑。

这使得一个建筑的基本维度包含了通用的庇护所、象征内容、电子技术、透视意象和灵活的图像，随着时间的推移，它本身颂扬文化和文脉的多样性。

这暗示了20世纪美学的终结，这种美学鼓吹一种通用建筑，具备富有表现力的空间、工业的结构和基于功能的形式，最近又增添了时髦的扭曲、夸张的色彩、可爱的象征和豪壮的理论：

嘿，适合当下的是一种通用建筑，它的技术是电子的，它的美学是图像的——它们通力协作创造装饰性的庇护所——或是电子棚屋！

哦，对于建筑来说：

其美学和社会基础是实用主义的真实——而不是意识形态上的正确。

其通用维度是普遍有效的——而不是过时的工业性的；其地域维度是图像的——而不是过时的工业性的。

其空间和形式基础是通用而常规的——而不是英雄的、原创的或过时的创新。

其建筑师是反英雄主义的——而不是标签式的。

其内容包含了人的维度——而不是促进抽象的形式。

其修辞基础是图像化的表面——而不是英雄主义般的形式。

其组合基础是有例外的节奏——而不是例外串起来的例外。

其内容包含了借助于参考或象征的实用惯例——而不是对立体抽象进行装饰的工业式炫耀。

其电子装饰是动态的——而不是金属装饰之静态。

其象征基础是再现的、图像的——而不是秘密的、武断的。

其象征性的内容是相关的、重要的——而不是主观式历史性的或风格式现代的。

其遮蔽面展现出装饰性图案，而不是它们的抽象平面展现出无色的纹理。

其装饰显然就是粘贴——而不是无意识的本质——记住普金（Pugin）的话：对建筑进行装饰是可以的，但永远不要去建造装饰。

其非常重要的技术基础是20世纪的电子技术——而不是19世纪的工程装饰艺术。

其措辞包含了预先的图像信息——而不是预先的深奥理论：它的内容适应了我们的信息时代，而不是我们年迈的理论家。

其电子图像美学伴随着通用的空间和形式——而不是源自表达空间和形式的工业抽象美学。

其电子表面可以被定义为光的来源——而不是雕塑般的形式被定义为光的反射，仅仅是老旧的暗部和阴影，与古希腊神庙没有区别——承认现在的一个24小时都在变化的建筑：击垮了那个臭名昭著的定义，即将建筑看成"在光之中对形体的精湛、正确而出色的把玩"，也击垮了"光中之形体……立方体、圆锥体、球体、圆柱体或金字塔是最伟大的原始形体。"①

---

① Le Corbusie. Towards a New Arclitectutre. Frederick Etchells. New York: Hol, Rinehart and Winston, 1976: 31.

其美学像素定义了建筑的媒介——而不是其线框旋转促发出来的无聊。

其形式促发出透视错视的奇迹——而不是抽象的雕塑式姿态。

其形式和符号的并置融合了非凡与平凡——而不是令人作呕的非凡。

其痛苦的复杂性是自然产生的——而不是有意的生动，最终令人生厌。

其美学基础是图像的再现——而不是雕塑式的表达。

其庇护形式为生活创造了一个有意义的背景——而不是用于表演的激动人心的背景。

其固有的源于通用形式的灵活性包含了功能——而不是追随功能：有时形式发现功能。

其独创性来自图像内容——而不是空间和形式——由于建筑师成了诗意的营建者，而不是浮夸的理论家。

施于通用形式的象征性涂贴适应了现在的文化多样性。

其象征手法应用于通用形式并与之结合，可以适应有效的复杂性和矛盾性——抒情性与不和谐性——而不是生动而一致的复杂性。

其建筑实际上是可以建造的，令人振奋的是其电子技术并没有过时。

其计算机既能将建筑表述成文字，又能将建筑描画成形象。

其通用庇护所采用电子技术进行装饰——而不是采用工业技术来装饰引人注目的空间。

其本质是由电子图像学以及空间和形式来定义的。

其美学探索了电子技术——而不是提升了工程学。

其美学倡导引人共鸣的透视法——而不是纯粹主义的抽象和线框装饰。

其内容体现了人类的意义——而不是抽象的表达。

对屈服于乏味的秘传，我们难道不觉得厌倦吗？这种秘传推崇的是这样的建筑理念：包括由过时的阴影和古老的工程技术所定义的布谷鸟雕塑形式，这是真正的装饰吗？

万岁！建筑中能展现合理、生动和多样——而不是计算机辅助设计弄出来的线框装饰那种不变而过时的形象。

万岁！一门融合不和谐和抒情的艺术，以绷紧的状态结束——有时以高深莫测的状态结束。

万岁！一种电子美学——凌驾于机器美学之上。

万岁！功能性的绷索——位于下垂的绷索之上。

万岁！虚拟建筑——超越道德意识形态。

万岁！直截了当的装饰——超越精心设计的装饰。

万岁！自然的复杂性——超越精心策划的复杂性。

万岁！富有内涵的建筑——而不是作为抽象之物的建筑。

一种粗俗的带有下垂绷索的现代风格——万岁！图像化的后—新—现代（我真的不知道该如何称呼它，因为我不会梦想着命名一种风格——这是历史学家最终要做的事情）。

万岁！让真正的现代建筑超越复兴式的现代建筑——现代主义超越现代主义：打倒现代式（Modernesque）建筑。

万岁！重现——粗俗的抽象。

总之，图像超越表达；通用的、超越空间的；电子的、超越工业的。

1
古埃及桥塔
细部图片来源：巴尼斯特·弗莱彻（Banister Fletcher）的《建筑史》（*A History of Architecture*）第九版（New York: Scribner's, 1931），第35页

2
圣阿波里奈尔巴西利卡，拉文纳
图片来源：都灵，弗托切里勒（Fotocelere），出自理查德·克劳特海默（Richard Krautheimer）的《早期基督教和拜占庭建筑》（*Early Christian and Byzantine Architecture*）（Baltimore: Penguin, 1965），图版61a

445

3
半圆形壁龛，拉文纳，圣维塔莱
图片来源：安德森（Anderson），出自艾米莉亚（Emilia）和罗马尼亚（Romagna）的《通过意大利》（*Attraverso l'Italia*）（Milan: Touring Club Italiano, 1950），第16卷，第213页

4
亚眠大教堂立面
图片来源：让·罗比耶（Jean Robier），巴黎

5
鲁切拉宫，佛罗伦萨
图片来源：尼古拉斯·佩夫斯纳的《欧洲建筑纲 要》(*An Outline of European Architecture*)
(New York: Scribner's, 1948)，图版L1

6
彼得的大拇指，朝圣教堂，比瑙 (Birnau)

7
宾夕法尼亚的德国箱子
图片来源：阅读公共博物馆和美术馆，出自碧翠丝·嘉文 (Beatrice B. Garvan) 和查尔斯·胡梅尔 (Charles F. Hummel) 编著的《宾夕法尼亚州的德国人》(*The Pennsylvania Germans*)(Philadelphia: Philadelphia Museum of Art, 1982)，第30页

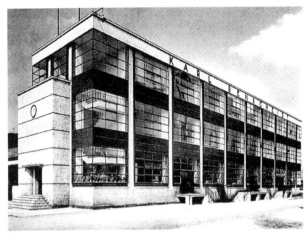

8
法古斯鞋楦厂，1910
图片来源：露西亚·莫霍利（Lucia Moholy），出自文森特·斯卡利（Vincent Scully）的《现代建筑》（*Modern Architecture*）（New York: George Braziller, 1961），第73页

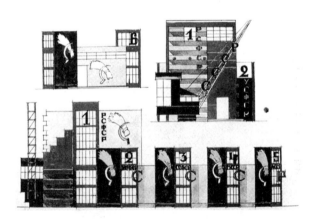

9
立面，构成主义时期
伊利亚·古隆索夫，为1925年巴黎举办的装饰艺术展览的苏联展示馆所提交的竞赛方案
图片来源：《俄罗斯先锋派建筑图》（*Architectural Drawings of the Russian Avant-Garde*）（New York: Museum of Modern Art, 1990），第77页

10
商业带，拉斯韦加斯，1970
图片来源：文丘里和斯科特·布朗联合公司

11
东京景观
图片来源：林雅行（Masayuki Hayashi），
涩谷霓虹灯，出自吉田光国（Mitsukuni
Yoshida）的《文化的混合》（*The Hybrid of
Culture*）（Hiroshima: Mazda, 1984），第28页

12
美国小城镇景观

13
立面，费城

14
速写，罗伯特·文丘里，1970

15
富兰克林·德拉诺·罗斯福纪念公园竞赛方案，剖透视图，华盛顿，1960

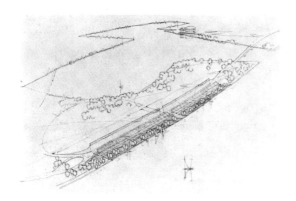

16
富兰克林·德拉诺·罗斯福纪念公园竞赛方案，透视图，华盛顿，1960

17
北宾夕法尼亚州访问护士协会总部大楼，宾夕法尼亚州，安布勒，1961
图片来源：乔治·波尔（George Pohl）

18
工会公寓，年老者的赞助住宅，与科佩（Cope）
和利平科特（Lippincott）联合设计，费城，
1965
图片来源：斯构马克联合公司（Skomark Associate）

19
西费城酒店改造，外观，文丘里和肖特（Short）设计，
费城，1961
图片来源：劳伦斯·威廉斯公司（Lawrence S.Williams, Inc.）

20
西费城酒店改造，内部，文丘里和肖特（Short）设计，费城，1961
图片来源：劳伦斯·威廉斯公司（Lawrence S. Williams, Inc.）

21
栗子山住宅（母亲住宅），宾夕法尼亚州，栗子山，1962
图片来源：罗林·拉·弗朗斯（Rollin R. La France）

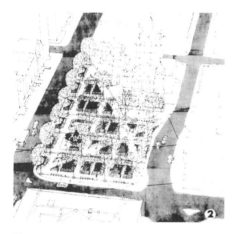

22
波士顿科普利（Copley）广场竞赛方案，波士顿，1966

23
第4号消防站，印第安纳州，哥伦比亚，1968
图片来源：文丘里和斯科特·布朗联合公司

24
迪克斯维尔消防站，康涅狄格州，纽黑文，1974
图片来源：文丘里和斯科特·布朗联合公司

25
利布（Lieb）住宅，新泽西州，拉弗莱迪思，1978
图片来源：斯蒂芬·希尔（Stephen Hill）

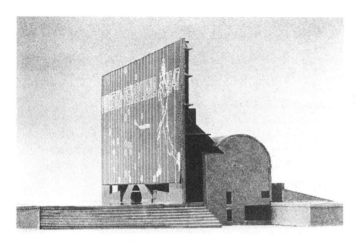

26
国家学院足球名人堂竞赛方案，新泽西州，新布伦瑞克，1967
图片来源：乔治·波尔（George Pohl）

27
国家学院足球名人堂竞赛方案，内部，新泽西州，新布伦瑞克，1967

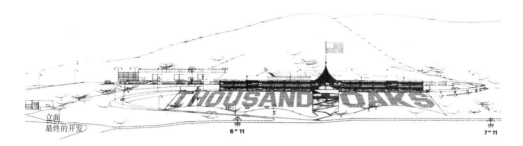

28

千橡市民中心竞赛方案，加利福尼亚州，千橡市，1969

29

两百周年纪念项目，为拟建的国际展览会所做的总体规划，剖面，费城，1972

30

富兰克林纪念馆，费城，国家独立历史公园，1976

图片来源：马克·科恩（Mark Cohn）

31
城市边缘研究，费城，1973
图片来源：文丘里和斯科特·布朗联合公司

33
"美国雕塑200年"展览，纽约，美国艺术惠特尼博物馆，1975
图片来源：文丘里和斯科特·布朗联合公司

32
艾伦（Allen）艺术博物馆增建，细部，俄亥俄州，奥柏林，奥柏林学院，1973
图片来源：汤姆·伯纳德（Tom Bernard）

34
巴斯科（Basco）陈列室，费城，1976
图片来源：汤姆·伯纳德（Tom Bernard）

35
"生活的标志：美国城市中的符号"（Signs of Life: Symbols in the American City）展览，华盛顿，史密森学会，伦威克画廊，1976
图片来源：汤姆·伯纳德（Tom Bernard）

36
夏洛特科学博物馆方案，初步设计，北卡罗来纳州，夏洛特市，1977

37
西部广场，华盛顿，宾夕法尼亚大道，1977

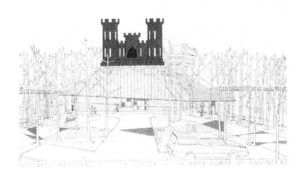

38
美国陆军工兵部队地区游客中心竞赛方案，佐治亚州，哈特
韦尔湖，1978

39
最佳产品目录陈列室，宾夕法尼亚州，兰霍恩，
牛津谷购物中心，1978
图片来源：文丘里、斯科特·布朗联合公司

40
公司总部办公大楼，费城，大学城科学中心，科学信息协会，
1978
图片来源：汤姆·伯纳德（Tom Bernard）

41
为诺尔国际做的家具设计，齐彭代尔式，1979
图片来源：马特·沃戈（Matt Wargo）

42
胡应湘堂，新泽西州，普林斯顿，普林斯
顿大学，巴特勒学院，1980
图片来源：汤姆·伯纳德（Tom Bernard）

43
亨内平大道通行和娱乐规划研究，明尼阿波利斯市，
1981
亨内平大道娱乐中心向北的景象

44
"成熟风格：20世纪美国设计"（High Styles: 20th
Century American Design）展览，纽约，惠特尼
美国艺术博物馆，1985
图片来源：马特·沃戈（Matt Wargo）

45
为时代广场象征元素所做的方案，纽约，1984

46
西雅图艺术博物馆，西雅图，1990
图片来源：马特·沃戈（Matt Wargo）

47
临床研究大楼，费城，宾夕法尼亚大学，
医学院，1985
图片来源：马特·沃戈（Matt Wargo）

48
国家美术馆塞恩斯伯里侧翼，伦敦，1991
图片来源：马特·沃戈（Matt Wargo）

49
拉荷亚当代艺术博物馆改造和增建，背立面，加
利福尼亚，拉荷亚，1990

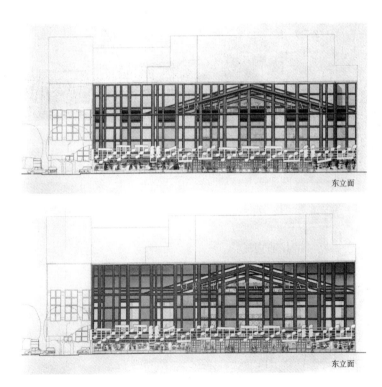

50
费城交响乐大厅方案，修改后的白天和夜间立面，费城，1987

51
1992年世博会美国馆设计竞赛方案，模型剖面，
西班牙，塞维利亚，1989
图片来源：马特·沃戈（Matt Wargo）

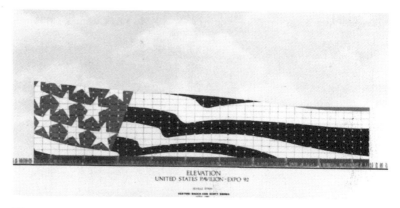

52
1992年世博会美国馆设计竞赛方案，西班牙，塞维利亚，1989
立面
1992年世博会美国馆

53
休斯顿儿童博物馆与杰克逊和瑞恩建筑事务所
（Jackson & Ryan Architects）联合设计，
休斯顿，1989
图片来源：马特·沃戈（Matt Wargo）

54
克里斯托弗·哥伦布（Christopher
Columbus）纪念碑，费城，1992
图片来源：马特·沃戈（Matt Wargo）

55
苏格兰国家博物馆增建竞赛方案，爱丁堡，1991

56
怀特霍尔·费里（Whitehall Ferry）
航站楼竞赛获胜设计，纽约，1992
图片来源：马特·沃戈（Matt Wargo）

57
怀特霍尔·费里（Whitehall Ferry）航站楼
竞赛获胜设计，内部，纽约，1992
图片来源：展示全景的成像（Panoptic Imaging）

58
美术博物馆扩建竞赛获胜方案，阿姆斯特丹，1992

59
瑞迪·克里克（Reedy Creek）开发区应急服务总
部（消防车库），佛罗里达，奥兰多，沃尔特·迪斯
尼世界，1993
图片来源：马特·沃戈（Matt Wargo）

60
哈佛大学纪念堂维修和改造，内部，马萨诸塞州，剑桥，
1993

61
7号场地方案，第42街再开发项目，研
究模型，1994
图片来源：马特·沃戈（Matt Wargo）

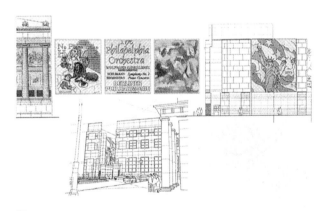

62
位于勃兰登堡门（巴黎广场）的美国大使馆入口竞赛方案，前立面
和入口庭院的各式LED板立面，柏林，1995

63
位于勃兰登堡门（巴黎广场）的美国大使馆
入口竞赛方案，从巴黎广场看入口庭院的
LED板，柏林，1995

64
位于勃兰登堡门（巴黎广场）的美国大使馆
入口竞赛方案，从入口庭院看到的景观，柏
林，1995

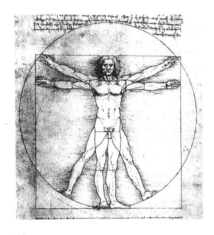

65
从手法主义和解构主义的角度对人的文艺复兴
概念所作的再诠释

成长

向文森特·斯卡利和他的鱼鳞板风格致敬，附带一些回忆和心得

写于1987年。

　　亨利-拉塞尔·希区柯克描写了这位艺术史学家的特殊感受力，即知道写什么和什么时候写。他展示了这位艺术历史学家如何及时地关注，从学术和评论的角度揭示建筑师可以遵循或学习的重要方向。以新的方式看待旧事物，通过调整历史视角，使这位艺术家的观点变得明晰、敏锐而深刻，还能够创造出一种风格。文森特·斯卡利在1950年代早期的鱼鳞板风格理念便是这样的一个成就。

　　重要的是，这里的"风格"是由历史学家和评论家创造的，而不是由实践者宣布的当代风格。它不涉及建筑师对当代风格的命名和推广，这在我们所谓的后现代主义时代是典型的：阿伯特·苏歇（Abbot Suger）的《法兰西岛石匠》（*ile de France masons*）在13世纪不是哥特式的，贝尼尼（Bernini）也不知道他是巴洛克风格；在我们这个世纪，极力宣告未来主义的人是一个例外。这位历史学家的风格不应定义为僵化或简单的体系，阻碍其丰富性和多样性；相反，它应该让人着迷，让人眼前一亮，让人对某一天可能成为一种风格的连贯性产生共鸣。与此同时，建筑师专注于他们的工作，从他们的世界中吸收他们可以吸收的东西，包括对待历史的新视角，但回避意识形态。

　　文森特·斯卡利对鱼鳞板风格的描述，就我而言，是一种激动人心、意义重大的启示，让我的视野既聚焦又自由。我第一次读这本书是在罗马，那

是在1950年代中期，我是美国学院的研究员。暂时移居国外，我沉醉在工作室窗外这座城市的巴洛克的辉煌之中，浸淫在地平线外整个意大利的氛围之中——我同时对自己的土地上的景象特别敏感——以新的方式和从不同的角度来观照旧事物。在欧洲的美国人，尤其是年轻的艺术家，通过吸收欧洲的遗产来寻找美国人的身份，这是最浮华的陈词滥调，然而我认为在这儿是合适的。

通过文斯（Vince）的眼睛和文字以及罗马的文脉，那些位于破旧郊区的灰暗老房子，可能会突然代表美国对建筑史的第一个重大贡献——通过它们的原创性和潜力。在这些现在已经很一致的房子中所展现出来的许多事物，其中之一便是手法主义的品质。这些与我在意大利正要去了解的手法主义建筑相对应。手法主义作为意大利文艺复兴时期的一种趋势和风格，与美国的鱼鳞板风格共同启发了我对建筑中复杂性和矛盾性的看法，正如我后来所用的称谓。从罗马回来后，我的第一个任务是建造一座覆盖鱼鳞板的海滨别墅。它从来没有被建造过，但它的设计让我走上了自己的建筑之路，还让我走上了其他人的道路，他们的矫揉造作而不是鱼鳞板风格的手法主义版本，一直困扰着汉普顿斯。

我们工作室设计的许多鱼鳞板住宅在它们的设计特性方面同历史上的鱼鳞板风格住宅存在着共有的矛盾，尤其是由理查森（H.H. Richardson）完成的后期实例（如果采用鱼鳞板风格，有时用砖石建造）和布鲁斯·普莱斯（Bruce Price）在燕尾服公园（Tuxedo Park）的早期作品：它们既是如画的又是整体主义的。它们的平面在外部轮廓上很有规律，但是它们的立面在整体轮廓上却极不规律。非对称布置的塔楼、侧翼和天窗显得突兀——示意的或暗示的——而不是独立的或完整的。通过这种方式，这些房屋体现了浪漫如画的美学，并容纳了内部功能的复杂性，而它们那几乎融化的形式，用浅浮雕细部进行强化，创造了一个多样化的部分，这些部分被分别感知，但正在成为一个整体：这也许是抽象的如画式。

唐纳德·德鲁·埃格伯特——致敬

最初以埃格伯特的著作《法国建筑中的布扎传统》（*The Beaux-Arts Tradition in French Architecture*）（Princeton: Princeton University, 1980）中的前言的形式发表，该书由大卫·范·赞滕（David Van Zanten）编辑。

唐纳德·德鲁·埃格伯特的现代建筑史课，我听了四遍。大一的时候，我旁听过；大二的时候，我是幻灯片放映员；大三的时候，我选了这门课，修学分；最后是作为研究生助教参与了教学。在数十年中，普林斯顿大学的其他建筑系学生也被这门课吸引，成为它的忠实粉丝，并受其影响。吸引我们的并不是一种激动人心的风格或引人注目的声明——埃格伯特实际上是坐念他所准备的注释完备的讲稿——他摒弃了术语，用朴实的叙述带来了清晰和优雅，平稳和通俗。吸引我们的还有他所选素材之丰富和秩序之严谨以及他的坚定信念和开明、率真。他引导我们去发现，令我们兴奋莫名，更不用说我们在建筑构图方面所受的教益，这些被直接应用到了我们在绘图室的工作中。

作为一名现代建筑史学家，埃格伯特把它看作19、20世纪文明复杂体系的一部分。他对当时的现实睁大了眼睛，而那些更为教条主义的史学家，一心要证明某些观点，却看不见这些现实。例如对埃格伯特来说，布扎的影响是19世纪和20世纪复杂的建筑史的重要组成部分。另一方面，对于当时哈佛著名的历史学家西格弗里德·吉迪恩（Sigfried Giedion）来说，布扎是一个"暂时的事实"。虽然历史对于吉迪恩来说并不是废话——就像对大多数1940—1960年代的现代派那样——它受制于简化的和个人的解释，被允许作为"构成的事实"（constituent facts）——又是吉迪恩的措辞——现代建筑的一些历史渊源（例如一些巴洛克建筑和某些早期工业形式），但作为暂时的事实，排除了其他的渊源，主要是布扎的建筑［亨利·拉布鲁斯特（Henri Labrouste）被吉迪恩认可的成就主要是他的铸铁建筑］。埃格伯特的现代建筑史包含的内容广博——一个复杂的演变过程，而不是一场戏剧性的革命，由社会、象征、形式和技术要求组成。

他从不墨守成规，很少位居主流。在1940年代，当时吉迪恩的空间—技术、包豪斯导向的观点主导了艺术史，他却专注于布扎建筑。他所著的《社会激进主义和艺术》（*Social Radicalism and the Arts*）对抗的是现代建筑历史上的由亨利–拉塞尔·希区柯克（Henry-Russell Hitchcock）和菲利普·约翰逊（Philip Johnson）硬塞进来的另一个重要趋势，他们对国际风格颇具影响力的引介，已经使现代运动不再强调激进的社会内容，并且为形式主义在美国的现代建筑中占据统治地位搭好了舞台。埃格伯特研究历史是为了寻找真理，而不是为了证明某些观点。当我从一位欧洲友人那里得知，《社会激进主义和艺术》在欧洲的名声与他们惊异于作者不是马克思主义者相匹配时，这一点对我来说非同寻常。

埃格伯特立场的另一个讽刺之处在于现代艺术博物馆后来承认了布扎在现代建筑史上的重要性。最初的主角被替代了，这几十年致力于确立现代建筑，他那不受欢迎的立场被忽视了，没有得到认可，尽管参与展览的三位历史学家中有两位——大卫·范·赞滕（David Van Zanten）和尼尔·莱文（Neil Levine），以前都是埃格伯特在普林斯顿大学时的学生。

埃格伯特没有规定意识形态：他开辟了方向——在我的哲学中做梦也想不到的方向，在那里，我可以将现代建筑视为一个进化过程中的最新部分，而不是一个终点。我们学生是真正的自由教育的学生，而不是神学院的学生，被告知"话语"。对于我们来说，建筑将超越我们的时代，通过我们自己的创造力加以发展。还有一件埃格伯特的教学并没有暗示的事情——建筑作为一门学术学科要优于建筑作为一门职业学科，这是当今盛行的一种态度——尽管他本人专注于学术研究。这种通融可以使我们了解那些因知识而才华横溢的匠人。

我现在已经意识到，埃格伯特是我在普林斯顿大学读研究生时和实习初期的导师——我经常造访他那堆满书的麦考密克堂（McCormick Hall）办公室——我可以期待在那里获得理解与支持。在这些访问中，他可能会问一些深奥难解的与建筑有关的问题——有些问题会一直萦绕在我心头，我可能在几年之后才会找到答案——因此在我的一生中，他对我的影响一直是积极的。

作为一名普林斯顿大学的毕业生，在学士阶段主修建筑学，埃格伯特刻意满怀深情地描写他的大学校园与其精神特质以及这种承认熟悉的事物具有意义的观点，让我们学生意识到日常而不必非得是典范也可成为艺术的促进因素。

埃格伯特的坦率后来对我产生了一种令人欣慰的影响。我差不多已经学会，当我遇到一位作家——他的作品已经影响了我，或是一位对我意义重大的以前的老师时，我总是期待他无法接受我的作品所走的方向，也不会在其中看到他自己。这样的情形从来没有在埃格伯特那里出现过，我非常珍视他在去世前不久写给我的一封信，作为一位以前的老师，他欣赏我的一项作品。

他还在那封信中写道："当然，历史学家和艺术家之间的区别在于历史学家必须力求客观（尽管他永远不可能完全成功），而优秀的艺术家和建筑师必须成为一个对自我拥有完全信念的人。"唐纳德·埃格伯特将这些特质结合在一起。

在芝加哥发表的罗马美国学院成立100周年纪念会演讲备忘录

写于1993年。

　　我很高兴来到这里，尽管我不得不演讲——我首先是一名建筑师，第31位演讲者。在这两者之间，我作为一名执业建筑师——在获得工作、从事工作和管理建筑的过程中——也是一名律师、商业管理者、精神病学家、推销员、社交名流和世界旅行者/浪迹天涯的受害者。我还必须是顾问中的仲裁者，每个顾问都想以牺牲整体的代价来让他的那部分尽可能完美。我还必须代表客户和中介机构去向政府的官员恳求，这些客户和中介机构都专注于提升自己的形象；恳求历史委员会，他们害怕在他们的时代创造历史；恳求设计审查委员会，他们正在让都市生活失去活力（同时阐述我的伙伴和我自己在几十年前的理念）；恳求伪善的社区董事会，在他们那里耗费了太多的时间；恳求承包商，他们衡量成功的标准不是技能的高低，而是他们所宣称的数量多寡。与此同时，像任何艺术家一样，建筑师必须专注于上帝栖身于其中的细部以及好的设计所需求的细部。

　　我的演讲可能有些漫无边际，但我期待能够被大家理解，这对于当今的建筑师来说是不同寻常的，他们对成功的定义，如果拿演讲者来类比，便是依据他们的口若悬河。我也不打算絮叨个没完。

　　但是更为具体地来说，我很高兴在这个建筑——一幢草原学派的房子，里面有巴塞罗那椅——这个机构，格雷厄姆基金会（Graham Foundation）在我令人无法忍受的时候，支持出版我的著作《建筑的复杂性和矛盾性》。这个城市——芝加哥，这可能是我们这块大陆上建筑的罗马。我很高兴也很感激能参加这个活动：学院就是研究院。

我要谈论20世纪内的联系，这是本次罗马美国学院百年庆典的焦点——在我看来，这些联系包括罗马、美国学院、在罗马的美国人、建筑中的古典主义和建筑中的现代主义。

这些类别将会混杂在一起——我希望不会混淆。

这个题目听起来很宏大，但我想我可以使其变得简洁而不简单。

当然，我不是以历史学家或学者的身份发言，而是正如我已经提过的那样，是以建筑师的身份发言——尽管我不会展示幻灯片。我所说的将包含一些回忆和大量的个人观点，也许还带有一点自我主义。

我将会提及今年夏天，8月8日那天，我希望举办一个午餐会，用来庆祝我首次踏上罗马的土地45周年——当我认识到这个城市真的是橙色的——对应于我在1988年的同一天所举行的40周年庆典——因为那段经历对于作为一名建筑师的我而言是如此重要。

在1948年的那一天之后不久，我决定成为罗马美国学院的一名研究员，几年之后，我做成了，顺便提一下，是在申请了三次之后。到了第三次，我的朋友说："你没能得到一点暗示吗？""你不觉得自豪吗？"这是最了不起的玛丽·威廉姆斯（Mary Williams），当时的纽约学院秘书，一直在鼓励我。

———————————

首先，罗马：

罗马作为永恒之城——重要的是，永恒依据的是它的相关性而不是一致性。

就不一致的相关性而言——它的相关性，每一代人、每一个时代、每一个世纪都在不断变化。

当然，对于100年前第一代美国学院的建筑研究员来说，罗马的意义不同于它现在的意义，也不同于从那时到现在之间的意义。

我们必须承认罗马的意义的丰富性和多样性，或随着时间的推移而出现的意义——不是它所产生之教益的一致性或纯粹性，而是它们的丰富性：在罗马，在时间的语境中，正是丰富性排除了纯粹性。

在学院的早期阶段，建筑研究者显然关注的是古典的罗马建筑和少量的文艺复兴建筑，欣赏它们朴实的相关性——依据其秩序和包含着形式和象征之语汇的古典建筑相关性——这些元素的相关性代表理想，适合于当美国还年轻并充满信心之时发现自我——与今日的美国截然不同。

处在快速发展的城市之中的建筑，古典罗马是实现统一和市民尺度的方式——在城市的美丽中体现出来。

古典主义成了一种普世秩序的载体——尤其是与丹尼尔·伯纳姆（Daniel Burnham）有关，他是学院的创始人之一——展示了他的总体愿景，尤其是他为芝加哥所做的工作以及在哥伦比亚博览会（Columbian Exposition）上所做的工作。

这种建筑愿景体现在约翰·拉塞尔·波普（John Russell Pope）的作品中，这位罗马美国学院的早期研究者对古典主义的解释在字面上变得相当正确。

还有后来的一位研究者菲利普·舒茨（Philip Schutze），他对古典词汇的运用也相当字面化，但在折中主义的范围内更加浪漫，其中包括巴洛克古典主义，尤其是博罗米尼式的（Borrominian），体现在他20世纪二三十年代在亚特兰大的精美作品中。

现在让我们回忆一下我在美国学院的时光，学院位于那座丰富多彩却一直在变化的永恒之城：

我在那里的时光或许代表着20世纪的另一个重要阶段，我们没有吸收罗马历史建筑的形式词汇或象征意义——但愿不会如此——在那个自信、进步、明确革新的现代主义时代。罗马建筑与我们的关联涉及它的空间维度——带着大写的S的Space——就是这个词。提及风格，你不会被弄死——而象征是一个已经被人被遗忘的词。

我们研究了两样事物：

首先，城市空间，尤其是在广场上体现出来的建筑之间的空间，正如我们所宣称的：研究这种城市生活很有趣，因为它可能包含合法地坐在广场上的户外咖啡吧中，欣赏闲适生活、建筑物，还有人群。

其次，巴洛克式建筑——但不是依据它的形式或象征，也不是它的风格——而是以它在城市环境中的复杂性和有活力的空间：西格弗里德·吉迪恩将我们的建筑师引向了这段有限的历史，以这种有限的方式承认这段历史是可以的。

最近，一些建筑师通过所谓的后现代主义回归到一种折中式的象征主义方法，这种方法与过去几十年的做法类似——通常是对风格形式进行字面上的改编。

当然，最近可能还有另一种形式的罗马建筑关联，只有新现代主义者——或称解构主义者——才能理解它的奥秘。

这也许导致了古典主义中的多样性和丰富性这个议题——或者我们应当说，在几种古典主义之中的。当然，古典主义本质上是普世的——适用于任何时间、任何地点。这三种古典柱式在古罗马建筑以及将罗马古典风格作为普适典范的文艺复兴改编中始终是相关的。

然后，你说古典秩序被打破了，就是说，被打破了——承认了矛盾，这就是手法主义。但是被环境打破，不是因为如画或附庸风雅的原因，那是当下去杂质时期的一个特征，举例来说，是由于环境——秩序的表现，承认经验中最终的复杂性和矛盾性。从实用主义的角度承认普适性秩序在形式和象征方面存在局限性的手法主义，即认可城市文脉并促进审美张力，并最终增添了不和谐的因素。

然后是复杂的古典秩序——以其丰富的复杂性取代纯粹的简单——巴洛克古典主义不仅促进了空间形式的复杂性，还促进了装饰和象征的复杂性。

我们应该认识到，在20世纪中期，现代主义作为一种运动占主导地位的时候，罗马还有另一种关联，这包括我在那里的时期，即1950年代中期。

从历史建筑的角度来看，那个时期的罗马通常被认为是无关紧要的——当然罗马建筑的古代经典语汇是没有关联的——古典柱式以复仇者的姿态出现——通常以历史，尤其是以古典主义的方式存在——在北方的结构主义哥特式住宅中或在东方的禅宗花园中。

但是，正如在国际风格中所表现的那样，这个词汇被实践者拒绝，但确实非常贴切——现代主义促进了一种理想的普适性。讽刺的是，它与罗马和文艺复兴时期的古典主义并没有什么不同——在其秩序的普遍应用中，当然没有基于历史参考或装饰美化的应用，但在工业语汇方面却普遍相关——基本上与上下文无关——在它的极简主义—纯粹主义维度上与纯粹的罗马古典主义有许多共同之处。

因此，在以国际风格为代表的经典现代主义秩序中，存在着一种象征主义，这种象征主义以美国本土工厂的意象为基础，而不是以地中海罗马神庙的意象为基础——象征性地存在，但未获认可。我们不要忘记勒·柯布西耶对中西部谷仓升降机形式的迷恋。然后是他的光辉城市（Ville Radieuse）在哪个地方都适用——巴黎或昌迪加尔。密斯·凡·德·罗 的极简主义—纯粹主义的秩序，适用于中西部的一所学院、一座纪念碑似的摩天大楼、一座柏林博物馆以及河边的一所住宅。

多么可悲的讽刺：罗马、美国学院和国际风格原本是能够合拍的，除了反历史主义的现代主义意识形态入侵之外——一种反历史主义仍然存在，带着讽刺性的复仇——在我们这个以旧工业工程和建筑主义语汇为基础的歪斜结构的时代，表现主义是真正具有历史意义的。

现在让我们具体回到关于学院的一些想法：

我们意识到了它作为艺术家和学者群体共同生活和工作之场所的重要性——作为一个内部交流的社区。

作为一个反省的地方——在你生命中的一个插曲，在无所作为的时期，你可以为未来的行动作准备，你的感觉和直觉可以得到滋养。

但是还有不太被认可之处：学院作为一个场所，艺术家、建筑师可以移居海外一段时间。

移居海外的人——也许是美国文学艺术家，或是亨利·詹姆斯（Henry James）、欧内斯特·海明威（Ernest Hemingway）和詹姆斯·鲍德温（James Baldwin）等作家，他们能够从新的角度看待自己的世界——用新的眼光看待自己的起源——看到自己从哪里来，预估自己可以去哪里。

在那里，他们可以按照拉尔夫·沃尔多·爱默生（Ralph Waldo Emerson）对个人主义和美国本质的追求，将自己定义为独一无二的美国人。也许这就是丹妮丝·斯科特·布朗和我从罗马去拉斯韦加斯的方式。

这种"学院派"的方式可能包含讽刺，因为你可以通过透视，在旧方式的光环内用新方式去感知。

但在这里，与其说你从罗马学到了什么，不如说你通过罗马学到了什么。

对我来说，我去那里寻找空间——在各种形式和广场中——但我爱上了博罗米尼（Borromini），迷上了米开朗琪罗，发现了手法主义，后来又发现了象征主义。

我喜欢在罗马的环境中阅读美国的史料——文森特·斯卡利的《鱼鳞板风格》（Shingle Style）和查尔斯·穆尔（Charles Moore）写的查尔斯·福

伦·麦金（Charles Follen Mckim）的传记，诸如此类。每日回忆那本书中的照片，麦金的母亲来自兰开斯特，穿着贵格派（或门诺派教徒）的服装，我会走过献给查尔斯·福伦·麦金的玫瑰色大理石牌匾，其上刻有拉丁铭文。

正是在学院的最后几周，我意识到让我兴奋不已的是手法主义——与米开朗琪罗有了关联——还与我那个时代的一位美国建筑师有了关联。

基于这种直觉，几年之后形成了《建筑的复杂性和矛盾性》——在书中，我的想法必须用文字而不是作品来表达，因为那些想法在当时是激进的——在我们的这个时代难以置信。我不能得到大的委托项目，在一家老牌的公司中也没法感觉自在，因此我不得不写作，而不是实践。

也是在罗马，我沉浸在中世纪和巴洛克式的城市规划中，通过观察和比较，我感受到了美国网格状规划的绝妙。它不再是普通的，而是特别的——因为民主和平等主义的街道结构显然没有层级构架，建筑获得意义不是源于它们所在的地方，也不是来自它们的相对位置，而是源于它们的内在特征：市长的房子可以坐落在一家熟食店对面。一条轴向大道的尽头没有公爵宫殿——相反，在街道尽头有一个空间，无限的空间通向边境，就像文森特·斯卡利所说的那样，永远向机遇敞开大门。

接下来在1966年，丹妮丝·斯科特·布朗带我去了拉斯韦加斯——汤姆·沃尔夫（Tom Wolfe）做了一点准备，巴洛克式的罗马做了很多准备。源自那次旅行，诞生了我们在耶鲁大学的工作室，然后是我们的书《向拉斯韦加斯学习》。

我没有庆祝我在拉斯韦加斯的第一天，但这座城市让我们兴奋起来——一种爱恨交加的情愫在那里发展，我们被效力和活力震惊、吸引。

在这个因都市蔓延而受到鄙视的城市里，最关键的是我们了解到了象征意义——从移动的汽车和汽车所创造的空间尺度中感受到象征意义——一种体现在商业标志中的象征意义，其大肆宣传的品质认可了20世纪后期的感受力，由于是从远处以汽车的速度来识读的。

所以我们从罗马去了拉斯韦加斯，就像我们当时说的，从拉斯韦加斯去了罗马——这次，当我们回到西方文化的另一个故乡时，我们可以用新的眼光，从一个相反的角度来看待罗马——在更大的范围内来看待它；也就是说，我们可以承认它的象征意义以及对它的建筑来说至关重要的图像和透视法。所以，现在，我们在罗马有了空间和象征意义。

————————

最后，回到罗马：

它是多种古典主义的发源地。这是不断演进的、并置式的、永远不完整的罗马。罗马的精髓不在于某种整体的历史意义：感谢上帝，过去的老建筑有时可以被拆除，用来建造我们今天所崇敬的新建筑！

然而，这里不仅有古典主义的层次——在它的建筑演变中，还有早期基督教、中世纪、浪漫主义—折中主义—19世纪、20世纪—法西斯主义、国际风格—理性主义—现代主义。

正是罗马承认多种进化并将多种文脉并置，一个永远不完整的罗马，一个我热爱的罗马，一个对我们这个时代具有重大意义的罗马。

例如当下我正在欣赏早期的基督教圣普鲁登齐亚（Santa Prudenziana）教堂，我把它图像化的马赛克解读为当时的电子大屏幕，它是建筑作为一种符号的典范，因此，我认为它为我们阐明了一种有效的建筑美学，并为我们这个时代暗示了一种有效的建筑技术。电子技术服务于整体装饰和动态图像，用于通用建筑表面。万岁！

但我们也可以将古罗马的多重古典主义与新时代的多重文化进行比较如恰当地、有关联地在新文脉中并置旧文化以及在新文脉中并置新文化。这里使罗马成了多元文化现象中的佼佼者！

这就引出了我现在最喜欢的城市：东京。今天，在这里，不断发展的文化生动地并列在一起，与不断发展的古典文化并列在一起。

我们的环境可能不是一个纯粹的环境，可能是一个丰富的环境，包容非凡和平凡——它不是一个普世性的环境，促进超越一切的团结，如果你愿意，它可以是一个多元的环境，其中的混乱才是盈余（mess is more）。

从罗马到拉斯韦加斯再到东京——但永远回到罗马。

所以永恒的城市凭借它永恒的相关性成为永恒的——持续不断的和动态的相关性——不断变化的——每一代艺术家都以不同的方式感知和学习这个城市的多样性和丰富性。没有如罗马这样的地方了。

———————————

唉！罗马的色泽为鲜艳的橙色，卡纳莱托几乎处在它崇高的光辉之中，1940年代晚期和1950年代中期，这座城市完美无瑕的环境和市民自豪的特性不复存在——前者是几十年来灰泥和石灰华的表面吸收废气的结果，后者则是由于现今西方世界的城市中社会和物质普遍恶化造成的。所以我忍不住对今天的年轻人说：你们应该在我年轻的时候就知道罗马——虽然我承认在我年轻的时候有人对我说过这句话，但我的反应是：闭嘴！老屁孩，罗马对我来说已经足够好了。

重要的补充：或许我必须甘心忍受这一代人的罗马，承认它在20世纪末的表现，光艳的氛围被蹩脚的美学所取代——因为黑色的污迹与前景中当下年轻人的黑色服装以及朋克时尚诗意地结合在一起。

当我还是罗马美国学院的一位懵懂青年时，那些我永远不会忘记的可爱发现

写于1994年。

在我能够俯瞰罗马城的工作室里，我看完了文森特·斯卡利的《鱼鳞板风格》。在那里，我从罗马的视角了解到了美国建筑的本质——平凡变得卓越。

阿曼多·布拉西尼（Armando Brasini）的欧洲林业大楼（现已被拆除）拱廊的分层立面不协调地并置在一起，向我清楚地展露出手法主义。

壁柱柱头同相邻的圣彼得大教堂端部半圆形殿上方的窗同等大小，以此体现出尺度并置的宏伟张力。

罗马的狭窄街道上的崇高气氛源自当时的橙色立面，营造出了亨利·詹姆斯所说的"罗马的金色空气"。

崇高的复杂性、模糊性和丰富性在寻常的空间系统中通过博罗米尼的崇高细部表达出来——特别是在东方三博士教堂（chapel of I Tre Magi）的内部。

在圣依纳爵（S. Ignazio）广场，建筑成了调性之变化。

在圣玛丽亚·马焦雷（S. Maria Maggiore）的斯福尔扎（Sforza）礼拜堂，暗示的整体超越了直接的整体！

早期基督教堂端部的半圆形殿，其丰富的马赛克表面将我们的空间难题转换成图像。

考虑到行人的广场，通过对比车辆商业带的有效性，来促进城市形象超越城市空间。

重新审视阿曼多·布拉西尼

写于1993年。

我对阿曼多·布拉西尼（Armando Brasini）在罗马帕里奥里区的圣母无玷圣心次级圣殿（Il Cuore Immacolato di Maria Santissima）的着迷始于1950年代中期，并且一直从这座建筑中获得教益，因为从那时起，我的感受力逐渐发展起来了。现在很容易看出这种迷恋有点怪异，然而很难理解在大约40年前这有多么怪异。相信我，你们不喜欢法西斯主义时期的建筑，尤其是那些暗指历史形式的建筑。在那个现代主义最强势的时期——那时，教堂不是一种重要的建筑类型。但这座建筑同布拉西尼的其他作品一样，久久萦绕在我心头。1956年，我有幸同建筑师晤面于他在罗马的工作室和家宅中——本身就是一个迷人而有启发意义的建筑片段，位于穆尔维大桥脚下。从那一刻起，我就意识到自己一直拒绝迎合波动的品位，习惯用直觉而不是意识形态来决定对事物的喜恶，对此我非常高兴。

但当你回想起他在1930年代为罗马中心设计的宏伟的城市规划时，人们对布拉西尼的迷恋就有所缓和了，比如战神广场（Campo Marzio）便是打算像巴黎那样通过大规模拆除、破坏现有建筑物肌理来创建轴向林荫大道，大道将终止于原本为所在的广场而设计的建筑物。我清楚地记得我在1940年代后期为我的硕士论文作研究时的恐惧，源于发现布拉西尼计划通过拆除来改变特莱维喷泉的环境，拆除的范围是从一个封闭的罗马广场到一个巴黎式的轴向终端，在那儿，这个罗马的喷泉会变成圣米歇尔喷泉。谢天谢地，贝尼托·墨索里尼（Benito Mussolini）和阿曼多·布拉西尼没有让他们的潜在角色占据上风，成为拿破仑三世（Napoleon Ⅲ）和法西斯罗马的奥斯曼男爵（Baron Haussmann）。

在写于1960年代早期的《建筑的复杂性和矛盾性》一书中，我提到了这座1930年代的教堂设计的空间分层特征。该教堂没有完工，在我看来，这从美学角度而言是幸运的。从那时起，我就一直欣赏这座重要建筑的其他特质，并受到启发。

首先，观察这座教堂，我最喜欢的视角是从正面以及在拱廊下喝着浓咖啡，视线穿过欧几里得广场看过去。油泵凸现在眼前，因为它在介入罗马的交通后便获得了自己的位置——当你从中学习并享受它的时候。你所看到的是一个由复杂层级元素组成的和谐与不和谐并存的建筑交响乐——形式的和符号的，由暗部和阴影巧妙地定义，结合了修辞和实质，巴洛克式的帕拉第奥变装中的巴洛克炫耀以及它们的并置，或者更确切地说，是碰撞——曲线、矩形、对角线，如矮胖的柱子、粗胖的柱墩、无用的扶壁、动人的墙壁和洞口、无圆顶的鼓状物、凸出和凹进的分段山墙——必然最终在法西斯主义时代展现出可以被视为巴洛克式复兴的辉煌的谢幕舞姿。

平面，或数个平面，将层和内部的并置结合起来，立即构成了一个中心式环形平面图和一个希腊十字式平面图，然后通过额外的向东和向西的凸出结构围合出一个纵向中殿，展现出精彩而有张力的暗示，由于整个室内几乎没有联系在一起，因此产生了明显的模糊性。最终整体的感觉主要来自平面中的四个外围区域，它们清晰地表达了近乎圆形的中心平面。但是还有四个小礼拜堂附着在这些零碎的曲线外面，它们在平面中实际上是纯粹的圆形，不会影响整体！然后，在平面上有分层的正立面和带人字形山墙的门廊，门廊的曲线汇入了正立面复杂的总体设计之中，并加强了整体的感觉；这个元素也认可了街道的弯曲结构，街道位于从城市的角度而言独立的中心形式教堂之中。

该建筑的剖面同样复杂，其拱顶的组成反映了平面图的不同部分，一个特别令人惊讶的拱顶形式出现在"中殿"东部末端的凸出小室上，以一种非常浅的方式创造了它的跨度。

感谢上帝——或者说是玛利亚·桑提西马（Maria Santissima）——正如我所说的，这座教堂从未完工：圆顶不见了，这种情况减弱了建筑的历史意义，而在我看来，这个建筑物只是一个宏伟而偶然的碎片——就像一首未完成的交响曲。它使现在无用的支撑物的修辞在效果上更加尖锐和雄辩。

我已经描述了这个立面丰富的复杂性，每个部分通过其形式的变调或相对于其他部分的位置来促进对整体的感知。

最后要说的是关于帕拉第奥语汇在创造优雅巴洛克曲调时对粗短比例的讽刺性运用。最终，这种简单的，实际上相当于清教徒式的关于部件的意象使整个复杂的巴洛克构成更有影响力——由此产生的紧张气氛是令人信服的。

最后是对实质内容的大吹大擂。

弗内斯与品位

此文出自《弗兰克·弗内斯全集》（*Frank Furness: The Complete Works*）（New York: Princeton Architectural Press, 1991），该书作者是乔治·托马斯（George Thomas）、迈克尔·刘易斯（Michael J. Lewis）和杰弗里·科恩（Jeffrey A. Cohen）。

  我以建筑师的身份结识了弗内斯，以老建筑师的身份撰写了此文。我指明后者的原因在于大多数比我年轻的评论家无法理解在他们的时代之前，弗内斯的作品——正如我将要描述的那样——如何地遭人厌恶（此处指的是弗内斯的业务蒸蒸日上受到很多人赞赏的那段时期，从他全盛阶段的创作上可以看出）。在我年轻的时候，人们憎恶维多利亚式建筑，尤其是这种维多利亚式作品中故作扭曲的形式以及粗劣的并置——而弗内斯的作品有时因预算低而显得平淡乏味，但不令人生厌。甚至路易斯·康（Lou Kahn）有一次告诉我，宾夕法尼亚美术学院的室内楼梯离主入口实在太近——对他而言，楼梯在大厅内所占的空间是大得离谱，而非庄重紧凑。出于礼貌，当时年轻的我并未承认与他意见相左。

  记得在1930年代，父亲驱车载着还是孩童的我路过栗树街的公积金人寿信托公司（Provident Life and Trust Company），我是多么讨厌那些矮胖的墩柱；而在1940年代，有时我与父母一起参加第一唯一神教教堂（First Unitarian Church）的仪式，在听布道时，我喜欢分心去看那些隐约可见的、几近威胁的托臂梁桁架；我也清楚地记得1960年代初，在宾夕法尼亚大学艺术学院我参加的首次教工会议上，就校方是否应该对拆除弗内斯图书馆的计划表明立场展开了严肃的辩论。我未来的夫人丹妮丝·斯科特·布朗舌战群雄，勇敢无畏，支持保留这座建筑；而我坐在那里，羞怯不已，连赞同都不敢说。

以上种种在很大程度上都涉及品位的问题——你对感觉上恰当之事物的敏感性——或者更确切地说，是品位循环的问题。正如唐纳德·德鲁·埃格伯特指出的那样，你通常会厌恶父辈之所爱而喜爱祖父辈之所好。但请相信我，只有我们这些深谙世故之人能够将弗兰克·弗内斯带入1960年代中期。感谢上帝，卓越的弗内斯图书馆不像弗内斯其他的主要作品那样遭受落锤破碎机的毁灭，在他之后，建筑的各个伪善时期都是如此。

但我也引出了一些可能与年长者的局限性有关的因素，用类似嘲讽的口吻说，他尽管拥有批判性诡辩的能力，但仍会因为品位而受到根深蒂固之成见的支配。于我而言，弗内斯并非喜恶二字便可说透；这是对于其作品完全的、不受限制的喜爱与敬佩；其质地、灵魂、多样性、智慧和悲剧性令我欢欣鼓舞——我的喜爱有些不合常理——我忍不住觉得我的喜爱有些许变态。我现在读到的《弗兰克·弗内斯全集》中关于这一主题的评论令人印象深刻，但在他们的赞赏中并未包含一点这种品质，这种品质可以被描述为纯洁无瑕——完全有益身心的事儿。

但我的钦慕是可以接受的——当把弗内斯视为美国的爱默生主义者①、个人主义改良者、自然主义艺术家，同时也是法国的维奥莱–勒–杜克（Viollet-le-Duc）坚固、欧洲大陆、功能主义的哥特式风格以及英国的罗斯金（Ruskin）充满活力的意大利式哥特风格的追随者。但弗内斯也是手法主义者。他是一位手法主义者，正如这位极度痛苦的艺术家在这些文章中描述的那样，超越了美国的天定命运（Manifest Destiny）与废奴主义理想，向战

---

① 我十分感谢惠特妮·布朗（Whitney R. Brown）关于爱默生对弗内斯人生与作品影响的阐述，参见：The Architecture of Frank Furness as a Manifestation of the Writing of Ralph Waldo Emerson. Trinity College, Hartford, CT, 1991.

后经济迅猛发展与政治无限腐败的现实演变。对我来说，他的手法主义所具有的种种张力至关重要，它们使我对弗内斯的喜爱是值得尊重的，溢于言表，且有理有据。弗内斯并不采用完全原始的形式、语汇、装饰，或者这些形式的组合；他采用柱子、柱列、托架、内角拱、拱——尖的和其他形式的——隅石、粗面砌筑、钢铁外露、托臂梁桁架等。当然，他赋予这些传统元素非凡的原创性，又以天马行空的方式操控它们；他所运用之元素的相对尺寸与比例以及并置方式是冲突而含混的，复杂而矛盾的。这些所谓的手法主义特质让我受益良多。我认可他从未听说过这些或是其他能被用到的术语——完全依据经验的并置方式，如美与丑，诗意与粗陋。但最重要的是，这些形式都带有关乎生命与现实的感觉。

　　总之，我认为这就是弗内斯的作品如何以及为何能赢得我的喜爱与敬意的原因，正如我对美国历史上任何一位建筑师所饱含的喜爱与敬意一样。

为宾夕法尼亚美术学院所作的
关于弗兰克·劳埃德·赖特的随笔

原文发表于宾夕法尼亚美术学院《大事年表》(*Calendar of Events*),1991年1月至3月。

　　让我沉浸于过往,记述自己一生中对弗兰克·劳埃德·赖特的态度,随着时间的推移而出现的品位跨越与循环,及它们对著名艺术家声誉的影响。

　　在这些流变中恒常不变的是赖特——自我16岁初次知道他以来——于我而言自始至终是美国最伟大的建筑师。我年轻时就须选定立场:要么支持赖特,要么支持密斯。我选择了赖特,而这在1950年代早期的沙里宁工作室中并非主流的姿态。我认为赖特是美国最伟大的建筑师,尽管我也崇拜其他美国建筑师,其中一些对我的教益胜过赖特,他们对我的影响更直接,在我看来,他们对当下更有意义,其中包括托马斯·杰斐逊、弗兰克·弗内斯和亨利·霍布森·理查森。关于后者,我们必须记得文森特·斯卡利的洞见:理查森那种罗曼式建筑的抽象版本以及他的民间鱼鳞板风格建筑指明了美国艺术发展的第一个方向,这在西方文化背景下基本上是原创的,并对英国建筑产生了影响,而不是相反。

　　论及影响时,赖特就不像他在诸多著述(尤其是他的自传)中所自诩的那样——当然是有机的——源自他根植于美国中西部——通过完美无瑕之理念所暗示的,是位原创性的天才。基于史学家在早期现代运动的宏观背景与中西部的特殊语境之下关于赖特的重新研究,我们发现其他建筑师在那段时期设计的建筑与赖特的类似——据我观察,那些中西部的建筑风格似乎源自理查森罗曼式的无拱（sans arches）样式。赖特也许的确比他所自诩的略乏原创性——况且原创性绝非衡量天才的唯一标准——但他是迄今为止这些实践者中最出色的，当然，在他的草原式住宅（Prairie Houses）中他对内部流动空间的表达是最有原创性的。的确，在这一点上，赖特就像自己主张的那样具有极高的原创性。但我们必须记得密斯曾说过："我宁可是很棒的，而不是原创的。"具有讽刺意味的是，赖特的伟大之处，可能在很大程度上与他所宣称的领域不同。

归根结底，赖特的天才本质上在于他的作品之质量、范围之宽广、细节之丰富和理念之深邃。而他在中年时期的自吹自擂是异常辛酸的，也是情有可原的——那恰是其不幸的体现，因为当时人们对建筑的品位出现了波动，尤其是国际风格的引入；然而或许正是出于苦恼，超凡脱俗的"流水别墅"和他后来为匹兹堡之角（Pittsburgh Point）设计的异想天开却意义非凡的巨型建筑原型（proto-megastructure）（最初版本）横空出世——1949年，我第一次见到了这座建筑的原始渲染图，当时我正在为费城的金贝尔百货公司（Gimbel's Department Store）和佛罗伦萨的斯特罗奇宫（Strozzi Palace）布置赖特的作品展览，当时我在奥斯卡·斯托诺洛夫（Oscar Stonorov）的工作室任职。

正如前面提到的，我第一次知道赖特是在1941年。那年夏天，16岁的我在巴林杰公司（Ballinger Company）工作，午餐休息间隙，我在沃纳梅克百货公司的书店随意翻看，一位工友挑出了亨利-拉塞尔·希区柯克的《材料的本质》（In the Nature of Materials）一书，我便与之偶遇了。考虑到我还是个孩子的时候就对建筑感兴趣，这次偶遇实在来得太晚，但这也表明赖特在那些年已经淡出了人们的视野。那本珍贵的巨著后来从我的藏书室消失了，但我已将它牢记于心；后来，当听到赖特认为希区柯克"学识渊博但理解甚浅"时，我很难过。

我听到这句评价是在1947年的春天，我坐在赖特旁边吃午饭，当时我是普林斯顿大学毕业班的学生，而赖特则是来参加一个会议，是为了庆祝该大学建校200周年，除了勒·柯布西耶，西方世界中所有伟大的建筑师都出席了。那个星期，在普林斯顿酒吧休息厅的一次非正式晚间聚会上，赖特作为资深建筑师，颇为随意地说起东方文化何处优于西方文化，他画了两幅示意图，每幅图连接两个点。东方的方式是这样来展现的：在一张大的便签纸上，画出一条S形曲线将两个一上一下的点连成一个，它例证了为达到具有东方特色的目标而使用的间接、微妙而哲学的方法；而另一组的两个点，同样是一上一下，他用竖直的线来连接，则例证了西方较为逊色的方法——直接、高效而明晰。房间里的所有人皆无言以对，只有乔治·豪站起来说："但是弗兰克，还有第三种方法，美国的方法，便是把你的两种方法并置起来。"他在同一张便签纸上画了一条S形曲线，并画了一条竖线贯穿这条曲线。

这个故事表明了赖特对日本众所周知的迷恋：后来，他告诉我的一个学建筑的朋友："年轻人，你走错了方向。"我的朋友当时正在横跨大西洋到巴黎去学习，发现自己和赖特在同一艘渡轮上（几年后，我参访了塔里埃森，我提醒同行的伙伴不要提到我是罗马建筑的追随者，即将开启罗马之行）。赖特的见解以及其他现代主义者的见解，让我对日本望而止步多年。这是因为他和他们只聚焦于日本历史建筑这个单一方面——京都的庙宇、别墅和神社等片段——因此无视了简单背后以及相邻建筑的复杂性。他和他们在赞美这种建筑时，摒弃了其语境，包括原本在空间内满布的和服和物件，前者色彩缤纷、图案丰富，后者多的溢到了外面的市集，以及周围的花园所展现的象征性、抽象化和风格化特征。后来我意识到，我一直在通过他们的眼睛来想象这种日本建筑，得到的是虚无缥缈的印象。多年来，我专注并前往另一个东方——我指的是欧洲——尤其是向意大利与英国学习。

最后，正如我所说的，我敬佩赖特源于他的作品的无与伦比的品质——但我发现他的哲学、他的方法，脱离了我们的时代，正是因为这个原因，他对我的影响更多源自其成果的品质而非其内容，从这个意义而言，他让我感到气馁，因为要让自己的作品达到他的品质，确实很难。赖特的建筑、家具、城镇规划的美学基于一种动机性的秩序（motival order），它有力地促进了整体组合中本质的一致性——目光所及之处——从草原风格或美国风住宅（Usonian house）的壁炉柴架到广亩城市（Broadacre City）的遥远边界——不必提及，如果有可能，连住宅中女士的连衣裙都会设计的。这种纯粹性，它的美学力量，在我们所处世界的经验中是可望而不可及的，试图让建筑师去实现这种纯粹性，会是徒劳无功且不合时宜的。这是因为赖特无疑属于另一个时代——体现中产阶级拥有主导位置与自信之时代的末期，你可以在你专有的世界里达到形式与符号之间的和谐与统一，并且通过你对自然的解释来体验这些现象——或者你认为你能够实现这种理想。

此外，赖特对维多利亚式杂乱的抗拒与他对有机一致性的信奉，难道不存在相当大的讽刺吗？历史上与有机一致性最相近的是贵族洛可可风格的装饰性动机秩序（ornamental motival order）这个特性——就像建筑大师成了极端的个人主义者，而居住在他设计的房屋与城镇里的个体则沦为极端的墨守成规者，这难道不存在相当大的讽刺吗？

我们的时代少了英雄主义，多了实用主义；少了乐观主义，多了现实主义；少了始终如一，多了模棱两可——多种文化共存，其多元性与模糊性支配着纯粹性与统一性：主张普遍秩序与终极统一而占据主导地位的理想文化不再存在。而在这时，赖特依托其广亩城市的动机美学现身了，讽刺的是，这种美学非常类似于文艺复兴风格的普遍古典美学和国际风格所代表的工业普适性。广亩城市与光辉城市——存在一种普适的文化——在这一点上有着相似的讽刺性。仅仅数十年后，它们的文化与审美都成了明日黄花。换句话说，广亩城市从另一个维度和先见之明的角度来讲，成了美国城郊理想的原型，其中最具普遍性的展现便是莱维敦（Levittown）。

赖特的作品在秩序上不允许有例外，更不允许有矛盾；不像贝多芬与米开朗琪罗的作品那样有不和谐的空间。现在，当你思忖赖特时，你会崇拜他的完美，而当你工作时，你必须忘记他。

应托马斯·克伦斯之邀浅谈古根海姆博物馆

最初发表于《古根海姆杂志》（ Gugenlheim Magazine ），1994年春/夏，第7页。

古根海姆博物馆是空间挥洒的杰作，坐实了弗兰克·劳埃德·赖特作为美国最伟大建筑师的地位。他不是说他是吗？他就是赖特。

他不仅仅是我们的时代，而是所有时代中最伟大的建筑师之一。在当前的文脉中，我们只能将他的博物馆定义为包含了艺术的建筑——爱默生式的个性支配着它的居住者，使他们成为具有讽刺意味的墨守成规者。它的有机统一通过几何动机的一致性促进了一种和谐，讽刺的是，这种一致性的美丽和占据主导地位，就像洛可可建筑以满布装饰之特性而拥有的那种一致性。

嘿，今天我们进入了折中文化主义和充满张力、矛盾的世界。

1994年为包豪斯周年纪念而作

最初发表于《诺尔庆祝包豪斯设计75年，1919—1994》(*Knoll Celebrates 75 Years of Bauhaus Design, 1919–1994*)(New York: The Knoll Group, 1994)，第93页。

我是否可以用一种略微违背常理但又是满怀敬意的方式献上对包豪斯的敬辞？

那便是选择由沃尔特·格罗皮乌斯和阿尔弗雷德·迈耶（Alfred Meyer）设计的位于阿尔菲尔德的法古斯鞋楦厂，作为包豪斯传统中最意味深长的也是我钟爱的偶像。

这个选择是不合常理的，因为这座建筑的设计和建造要早于作为一个机构和运动的包豪斯——实际上是为制造联盟运动而设计的——也就是说，早至1911—1914年。

但从以下几方面而言，这仍然是一个重要而切题的选择：

• 这个建筑是一个开创性的作品，开创了后来所谓的"国际风格"——其原创性与被认为是文艺复兴风格的第一座建筑——佛罗伦萨布鲁内莱斯基设计的育婴堂不相上下。

• 这座建筑最终的讽刺意味主要来自它的技术—工业词汇，它最初改造自一种美国风格的工厂阁楼，以适应欧洲的社会主义项目，最后成为通用的企业建筑和世界范围内度假建筑的象征。

• 这座20世纪的建筑最终具有的讽刺意味与15世纪的相呼应，它来源于古罗马建筑的异教词汇，而古罗马建筑后来成了欧洲文艺复兴时期基督教文化的象征。

我喜欢这种初创的建筑，这种典型的20世纪建筑——基于美国本土的形式（我承认有点立体主义），被干练的中欧建筑师所采用——体现了一种普遍的理想，在丰富和矛盾的演变中以多种方式去适应。

向阿尔托学习

最初以"阿尔瓦·阿尔托"为题在《建筑师》（*Arkkitehti*）上发表，1976年7/8月，第66–67页；再版于《进步建筑》（*Progressive Architecture*），1977年4月，第54和102页；以"现代运动的守护神"（Le Palladio du mouvement moderne）为题在《当今的建筑》（*Architecture d'Aujourd'hui*）上发表，1977年5–6月，第119–120页。还发表于《源自坎皮多里奥的视角》（*A View from the Campidoglio*），（New York: Harper, 1984），第60–61页。

在所有现代大师的作品中，阿尔瓦·阿尔托的作品对我的意义最重大。在艺术和技术方面，它们是我最感人、最相关、最丰富的师法对象。

就像所有超越时代的作品一样，阿尔托的作品可以用多种方式加以诠释。每种诠释或多或少都是正确的，因为这样高质量的工作有许多维度和层次的意义。当我在20世纪40和50年代的建筑中成长时，阿尔托的建筑因其人性化而受到赞赏，源于能在原初秩序中容纳例外的自由平面，还源于天然木材和红砖的使用，传统材料被引入现代建筑工业词汇的简单形式中。阿尔托作品中这些矛盾的元素隐含着——现在看来相当矛盾——简单和宁静的品质。

阿尔托的建筑看起来不再简单和宁静。它们的矛盾现在引发了复杂性和张力。阿尔托本人已成为现代运动的安德烈·帕拉第奥（Andrea Palladio）——一位低调的手法主义大师。在他作品的复杂性和矛盾性中，我看到传统的元素以非传统的方式组织起来，有序和无序之间刚好保持平衡，同时展现出朴实与别致、谦逊与不朽的效果。

纵观阿尔托的全部作品，其作品的传统性和一致性是显而易见的。与勒·柯布西耶作品的各种演变相比，甚至与密斯早期和晚期的变化相比，这些年来他的作品在方向和发展上变化甚微。此外，阿尔托的建筑元素——窗户、五金、柱子、灯具、家具、材料（除了木材和砖）——在形式和关联方面都是传统的。它们来自现代风格的工业和立体主义的形式和符号：关于经典现代建筑元素的教科书，密斯纯粹的钢铁部件和石灰华板以及勒·柯布西耶的怪异——当然现在几乎是随处可见的——粗糙混凝土的形式将被包括在内，但阿尔托的多样而传统的元素将占主导地位。

阿尔托元素的品质不是来自它们的原创性或纯粹性，而是来自它们在形式和背景上的偏差——有时非常轻微，有时显得粗犷。它们的力量来自于它们的偏差所产生的张力。图尔库新闻报办公室楼梯上的扶手看起来很传统，但再看一眼，你会发现它在形式和应用上有点不同寻常，在设计上也非常特别。恩索–古特泽大楼（Enso-Gutzeit Building）的混凝土窗户类似于SOM办公楼中过时的、相当乏味而精确的网格，但它们在比例和规模上有点偏离标准，并且在背立面的应用中非常"不恰当"。

阿尔托的建筑秩序也充满了张力。将其同其他现代大师进行比较，或许可以澄清我的观点：密斯以其简洁、连贯的秩序而闻名，相关计划和人的活动都宁静地遵循着这种秩序；勒·柯布西耶以其戏剧性的例外和复杂的并置而著称，其中包含着庄严凝重（terribilità）之感；赖特以丰富而动机强烈的秩序而知名。阿尔托的秩序是基于张力，而不是宁静、戏剧或一致性。它源于恩索·古特泽大楼的背立面，或者源于不莱梅高层公寓初始秩序的变形，或者像沃尔夫斯堡文化中心（Wolfsburg Cultural Center）复杂的平面那样从一种模糊的秩序中脱离出来，或者像一位建筑师朋友曾经对我抱怨的那样：阿尔托为何要在一个小房间里使用三种不同的灯具？

我认为我们可以适时地从阿尔托的建筑中学习到关于纪念性的经验，因为纪念性在我们这个时代被任意地运用，它在乏味的纯粹和无聊的浮夸之间摇摆。阿尔托的纪念性总是恰当地体现在它的位置和使用方式上，是通过一系列矛盾之间的紧张平衡而暗示出来的。奥塔涅米技术学院（Technical

Institute at Otaniemi）的礼堂结合了集体尺度和私人尺度、表现主义形式和传统形式、简单和奇特的象征主义以及为不一致而打断的纯粹秩序，这种不一致是为了恰当的地方而特意设计的。

但在我努力完成这篇短文的时候，阿尔托最让我喜爱的特点是：他没有书写建筑。

抗议索尔克中心扩建

此文作者为罗伯特·文丘里与丹妮丝·斯科特·布朗,最初题为《天才被出卖了》(Genius Betrayed),发表于《建筑》(*Architecture*),1993年7月刊,第43页。

背景

勒·诺特尔(Le Nôtre)在他的《法国园林》(*French garden*)中,超越了意大利文艺复兴式的有限制的整齐有序的园林,后者的中轴线被阶梯式小丘的雕塑式斜坡所截断:在沃–勒–维贡特庄园(Vaux-le-Vicomte)与凡尔赛宫(Versailles)的巴洛克式园林中,中轴线的一端是开放的——是依据笛卡儿式的秩序(Cartesian order),朝着象征着无限的地平线延伸。

刘易斯·芒福德(Lewis Munford)讨论过托马斯·杰斐逊关于弗吉尼亚大学草坪两端保持开放视野之初衷的重要意义。根据芒福德的说法,杰斐逊最终还是被本杰明·拉特罗布(Benjamin Latrobe)说服,将以罗马万神庙为原型而设计的图书馆(Pantheon-library)安置在校园中轴线的东北端,从而再现了本质上传统的等级秩序;然后,不到100年的时间,麦金、米德与怀特(McKim, Mead and White)将中轴线的另一端给堵上了。杰斐逊的第二次设计中所蕴藏的力量,很大程度上来自雪伦多亚河谷(Shenandoah Valley)的空间性与象征性的姿态以及向西南方向延伸之边界的框景视野(framed view)。但他最初的设计——两端都是开放的——更有意义。

文森特·斯卡利对于美国城镇的格状规划(gridiron plan)的解读意

味深长。这里的街道通常都是末端开放的——没有公爵的宫殿来结束轴线——街道之间以及街道与建筑之间的关系基本上是无等级差别的：它们遵照的是某种民主理念。在这种平等主义的规划中，建筑物的重要性并非源于它的相对位置，而是源于其内在的品质。我们伟大的美国城市并不符合欧洲城市的理想，欧洲的一个整体是在限定边界和轴线端点内定义的，美国城市转而认可一种不完整的——碎片化的——秩序，它能容纳内在的扩张，并且向永恒的边界拓展。

我们抗议，不是作为康的粉丝，也不是作为历史主义的极端分子。我们通常是属于冷静的人群——评论家、建筑师和学者——让我们感到愤怒的不是扩建这个决定，而是相关决策的品质，即关于索尔克中心这一建筑杰作的定位和增建的角色。

担忧

路易斯·康设计的拉荷亚索尔克中心并不是一个稚嫩或浮夸的整体，也不能说与自然环境无关，而是一件在空间和象征方面不完整的意味深长之作，正如那两座富有韵律的建筑本身在构图上感觉不够完整和缺乏层次。因为它们催生了一种神圣的二元性，并定义了一条强有力的轴线，轴线的两端都是开放的，从而构成了美国景观中的一种不同凡响的姿态。这种常见空间的组合，两者之间是平衡的，朝向巨大的陆地开放——静止于大洲与大洋之间，却又向两边敞开——东面以树林为象征——和一个浩瀚的海洋——西面以无垠的地平线来界定——在感知和形体方面，都具有强烈的美国色彩，因为它框定了海洋和陆地，古老的西部边界结束，崭新的东部疆域开启。美洲大陆与太平洋，一个国家与整个世界，在全球的文化中，在太平洋边缘变得平衡，其科学在这座建筑领域得以实践，从而变得复杂而普遍，因为它一直朝着自己的前沿迈进。

因此，索尔克中心综合体认可并赞颂了一种在空间与象征上都是典型美国风格的建筑方式。迄今为止，这必定是20世纪乃至所有美国建筑中最重要的建筑作品。这无疑是我们的文化与传统的卓越表达——一个美国的建筑杰作，由一位美国天才，在整个西方文明的背景之下——可悲的是，它正在我们的时代被随心所欲、妄自尊大地改造，化为平庸之作，沦为令人厌倦的巴洛克风格之流。

"就是这么简单。"

建议

不要去揣测康的意图是什么，意图产生于何时、何地。只需与那里存在的事物联系起来——美国对空间、世界与社会之观点的建筑表达。正如埃丝特·康（Esther Kahn）所言："我们不在乎新建筑的样子——只要它所处的位置不会破坏该场所的精神就行了。如果必须要放的话，把它放在附近，但是远离轴线，将其倾斜一下。"学习康的精致而又具探索性的草图，建筑物按照轴线设计，却又以非轴线的方式相连，正如希腊人所做的那样。避免对称性和完整性。尊重康对无边大海的抽象，程式化的树林代表着土地、大陆与人文景观。

"就是这么简单。"

关于教师和学生发展的思考

节选自在宾夕法尼亚大学所做的一场关于路易斯·康的讲座，1992年5月发表于《笔墨中的宾夕法尼亚大学》（*Penn in Ink*），第6页。

　　简单地说，对艺术家的最后考验是：他是正确的还是优秀的？当然，路易斯·康的英雄主义中有一种"正确的"品质，当我们从现在的有利位置评价他的作品，并在当时的背景下进行考虑时，这一点是显而易见的，因为我们认为他的建筑反映了20世纪五六十年代乐观进取的美国，其特点是自信、乐观和拥有实际经验——凭借理想主义——当我们处于世界的巅峰，在美国的经济、社会敏感性和单纯的意志屈服于过度的军事工业过度的复杂性、颓废的资本主义和约翰·肯尼斯·加尔布雷斯（John Kenneth Galbraith）的《满足的文化》（*Culture of Contentment*）之前：康的英雄建筑在他的时代是有效的——既正确又优秀。

　　从这个角度而言，路易斯·康可能是我们这个世纪伟大的建筑师中最后一位与现代主义有关联的，在某种程度上也是第一个后现代主义者（after-Modernist）。但同样正确的是，当我通过自己的主观视角清晰地回顾时，我们的新方法——丹妮丝·斯科特·布朗和我自己的方法，是正确的——我们这个时代的年轻建筑师接下来将成为成熟的建筑师。那时，文森特·斯卡利同情地称我为反英雄，而与此同时，我们的作品却被戈登·邦沙夫特（Gordon Bunshaft）贴上了丑陋和普通的标签；我们将这种措辞当作一种赞美，考虑了其来源，并采用了。我们的建筑的基础现在看起来更进化而不革命，实用而不是进步，熟悉而不是新颖，装饰的而不是明晰的，现实主义而不是理想主义，乡土的而不是正式的，既是象征的又是形式的。我们的建筑是其象征意义和艺术的基本元素；它们看起来熟悉但与众不同，普通而优秀，小住宅看起来像住宅，甚至有窗户；消防站让你想起了一些东西——实际上是消防站，而不是晚期柯布西耶的暴露癖式片段或密斯的正确表现，使其结构脱离了语境——正如设计消防站的年轻建筑师所倾向的那样[1]。我们的出发点包括城市蔓延、商业带，甚至主要街道，如果康的城市规划承认现存的结构——与爱默生式的个人主义者弗兰克·劳埃德·赖特和崇尚英勇地去革命的勒·柯布西耶截然相反，赖特以自己的动机重塑了美国的城市，柯布西耶摧毁了这座历史城市，全部重新开始——康对现有结构的入侵可能是英勇而乌托邦式的，比如巨大的公共停车库类似于中世纪堡垒的角楼。也许丹妮丝·斯科特·布朗和我关于建筑和都市生活逐渐发展的方法，在其社会和美学维度上是实用主义的，反映了纳撒尼尔·霍桑（Nathaniel Hawthorne）的悲观观点："英雄不能成为英雄，除非在英雄的世界里。"

作为康的青年学生，我们能够从他那里逐渐成长起来——学习他对自己所处时代状况的感知，并调整我们对未来时代品质的预期——承认模棱两可、手法主义和实用主义——像康一样，从保罗·克瑞（Paul Cret）、勒·柯布西耶、巴克敏斯特·富勒以及他自己的学生那里发展出来，走上属于自己的路径。

让人感动的是，他耸人听闻地揭示出建筑物不是一个漂浮的框架，而是

---

[1] 在以后的时间里，它们可能看起来像立体主义雕塑展览中的一次爆炸；你有没有看过扎哈·哈迪德（Zaha Hadid）的消防站，同时想象普通人会住在里面，并在里面直接工作？英雄式的原创传统延续至今！

墙体——墙体立于地上并且上面有洞——服侍空间，承认空间存在等级，也承认平面中的剖碎（poché）。这些启示在当时看来很平常，但这证明了它们的最终力量和意义。回想起康对丹妮丝·斯科特·布朗说"拉斯韦加斯有真理"，还回想起他转向了历史类比，将其作为建筑过程和实质的一个元素，这些都令人感动。

纪念路易斯·康：1993年1月日本路易斯·康作品展开幕演讲纪要

此文是关于路易斯·康作品的简要而个人的观点——更确切地说是关于康的作品的三个方面——是我在矶崎新（Arata Isozaki）设计的展览中所想到的。我将康置于他自己所处的时代背景下以及从当下的视角来观照，还有不可避免地从当时和现在康作为建筑师与我的关系来切入——简单来说，就是我从当时和现在两个角度来看待康。

但我不得不补充，重构当时我们如何看待康和他的作品是极其困难的：若聚焦于品位与敏感性，那么最近的过去是最难再体验与感知的时间段。因此，我运用了比较的方法——依我之见，将康过去、现在是怎样的同他过去不是怎样的进行对比。

同样重要的是，这种分析基于一个潜在的假设：康在过去和当下都是杰出的建筑师；换句话说，他是优秀而入流的。他也是一位伟大的老师；我认为，我是以康的学生的身份来言说的，也就是说，我并非他的追随者，而是通过他和他的作品逐渐发展而来的人——我被他解放了，而不是被他改变了信念。

基于过去的背景与现在的角度，采取比较法，我观察到康的作品有以下特点：

• 康的建筑语汇是普适的（universal），它随着时间不断演变发展，但在任何时候，其本质都是一致的——同一时期的建筑，例如为美国东北部寄宿学校菲利普斯·埃克塞特学院设计的图书馆以及为孟加拉国设计的国家议会大楼，其建筑语言便是相同的。他的建筑语汇丰富而不折中——本质上不迁就特定的功能或当作场所精神的文脉。

• 由此，康的建筑非常符合它所处的时代，且在现代主义建筑传统之内，其中的一个理念便是将一个通用体系应用于以工业技术形式中产生的秩序为基础的单一的、统一的世界之中——与今天的多元文化观点非常不同，而具有讽刺意味的是，普适主义（universalism）的元素，通过电子通信与多国通力合作，在流行文化和快餐形象中得到淋漓尽致的呈现。

• 康的建筑语言在本质上推崇形式（form），实质上是几何的、雕塑般的、抽象的，因而这种语言没有包含象征符号，从而再次适应了现代主义传统。还记得勒·柯布西耶将建筑定义为"光之中对纯形式的卓越而恰当的摆弄"吗？但与此同时，康的方式并不属于经典的现代主义，源于其形式中的体块（mass）特征所具有的品质，还源于他偏离了现代主义建筑师对框架的强调。这一方法在他的时代背景中是最引人注目的，尽管与勒·柯布西耶晚期的粗糙混凝土（béton brut）形式相似。

• 康的体块语汇避开了装饰（ornament）——至少回避了明显或实用的装饰。对他来说，所谓的装饰几乎是偶然地从功能—结构细节中衍生出来的，这些细节涉及肌理，而肌理又源自材料、连接点等。康的装饰永远不可能是明确的象征、图形或抒情。在20世纪五六十年代的背景下，这并非标新立异，毕竟当时连接（articulation）取代了装饰。

• 康的体块形式表达是英雄式的（heoric），也是原创的（original）——与普通和常规的截然相反。暗指平民主义（populist）或民间风格（vernacular）是无法想象的，虽然康在1940年代与1950年代初期创作的温和的房屋可能是各种普通现代主义的例证。建筑本质上是促使进步和实现理想的媒介。这种方法适应所处的时代，在那时，原创等同于创新。例如费城市场街道北部的项目（Market Street North project）并不是柯布西耶式光辉城市之革命性理念的例证，它的车辆禁行区没有参考历史或当地的背景，但康对美国格状规划的现存构造的空间入侵，其本身是英雄式的，那些像城堡一般的停车库也是如此。

- 大尺度（big scale）元素：在这些形式中，夸张的尺度占主导地位，尽管在组合中通过小尺度的元素实现了感知上的平衡。

- 排除庇护所（exclusion of shelter）：康后期的建筑的英雄式、雕塑般的质感排除了任何将建筑作为庇护所的表达。这是具有讽刺意味的，因为康回归古代的基础似乎促进了对这种建筑基本品质的认可——这在通常的古代庙宇中是显而易见的。

- 结构（structural）与几何修辞（geometric rhetoric）在康1950年代的作品中非常突出，因为他正被巴克敏斯特·富勒（Buckminster Fuller）和安妮·廷（Anne Tyng）的思想所吸引和影响，但随着康在后来转向雕塑和体块，这一元素在1960年代便减少了。

- 理论（theory）：正如康在其职业生涯后期所阐明的那样，其作品最为突出的理论基础涉及他在形式上对应的英雄性、原创性、普适性等词汇。他对深奥的形而上学宣示的强调，涉及的是思维、精神、身体、永恒的普遍绝对性，包含着事物应当是什么而不是现在是什么，他的当代和对应历史的参照都聚焦于形式上的古代英雄主义。我也喜欢历史参照，但我采用了更宽泛的历史范例和原型来进行类比分析。作为艺术家，在谈及康的晚期立场的这个方面时，我的个人情感是难以克服的因素之一。我认为你拥抱的这些基本维度，并不是以艺术家的身份通过露骨地争取获得的，而是通过务实地思考眼前的事情而偶然得到的。也许，是为了在工作完成后，让其他人感知到崇高，并抒发心中的情绪。如果你在艺术上做得很好，那么这些事情便会水到渠成。

从康所处时代背景以及以我的视角出发，我已简单例举了他在建筑形式上的特征。以下是康的建筑所蕴含的其他特征，我将以元素的形式来描述这些我所喜爱并从中受益的特征：

- 分层的空间（hierarchical space）：服侍空间（servant space）是多么崇高的启示啊！它的等级暗示以及对机械设备的功能性的认可，就好比是当下的剖碎（poché）。它惊人的意义在于丰富了计划中的通用空间，尤其是遵循机器美学（machine aesthetic）的原理将机械设备天真地升华为雕塑之后——这在当下已经变成了装饰的替代品。

• 房间的概念（idea of the room）：围合（enclosure）是可行的，甚至是有效且使得空间更加丰富的。很难理解这个概念有多么的原始：在现代主义提倡的流动空间占据主导地位之后，围合是令人震惊的。

• 墙（the wall）：坐在地板上，而不是框架中漂浮的平面上。相信我，那值得赞叹！——虽然现在这令人难以置信。举个例子，这使我们——丹妮丝·斯科特·布朗和我，认可了通俗乡土（Pop-vernacular）！

• 墙上的洞（holes in walls）：不同于墙壁的完全中断——尽管康在他的英雄式作品中过于现代，以致他难以忍受窗户这一传统意象，但他在费城当地的住宅作品中做到了这一点。在他的作品中，这个特征是从取消框架墙演化而来的，这对我的作品影响最为深远。

• 层级（layers）：空间分层是大忌，因为它导致了累赘冗余。

• 打破秩序（breaking the order）：这发生在康的职业生涯的末期，但他的特例不是出于极度痛苦或手法主义。

从现今的角度来看，难以看出这些元素在当时的背景下是如何地令人震惊。而这就是路易斯·康的影响的深远之处，他解放了年轻的建筑师，提升了我们的感受能力。

上述这些康的特征中的一些也是很难揭示出来的，这些代表了丹妮丝·斯科特·布朗与我的影响，而非对她与我的影响——一个非常寻常的儿子影响父亲的例子。丹尼斯在别处也讨论了这一点[1]，并且我应当指出，康从我这里学到了上述关于分层、墙上的洞以及打破秩序等原理，他在索尔

---

[1] 参见：Denise Scott Brown. A Worm's Eye View of Recent Architectural History. *Architectra Record,* 1984.

克中心的亭子这一案例中所运用的屈折变化（inflection）便是源于我的评论文章。

康在20世纪五六十年代所运用的历史参照（historical reference）通常归功于他早年在宾夕法尼亚大学所接受的布扎体系的训练以及他于1950年代初期在罗马美国学院居留期间的所见所闻。但我认为，这也源于我在1950年代末1960年代初接近了康——最后，请不要忘记，他在1950年代的几何结构时期是以巴克敏斯特·富勒和安妮·廷的思想为主导的。我将历史类比作为设计分析过程的一部分，是源于1940年代在普林斯顿大学接受的教育，我是让·拉巴蒂和唐纳德·德鲁·埃格伯特的学生。在那儿，现代主义被认为是西方建筑学历史上的一场有效运动，而不是历史的终结。令人难过的是，历史类比法作为一种分析方法，曾运用于我于1960年代初期撰写的《建筑的复杂性与矛盾性》一书中，却在后来被误解（但康没有），被后来所谓的后现代主义者认为是推进风格的一种形式：也许你很优秀，但你被误解了！

我所描述的康的建筑，原创多于参照，大胆多于平凡，形式多于象征。而从1960年代起，丹妮丝·斯科特·布朗与我每天都会更多地观察路旁的蔓延，而不是被合理抽象过的废墟，并开始践行实用主义，这是一种痛苦的现实主义，它包括公认的象征主义——其本身是一种附带有效传统的方法，其中艺术的主体可以不是阿卡迪亚的众神，而是咖啡店里的波西米亚人或荷兰的市民之类。

普林斯顿大学麦迪逊奖章获奖感言

写于1985年。

布朗主席，鲍恩校长，各位校友，各位朋友：

我认为自己是我那个时代普林斯顿大学建筑系的产物。

我觉得自己是普林斯顿的儿子———一位感恩的儿子———但同时，是一位独立的儿子，作为儿子最终应当如此。

我可以反过来说，普林斯顿是我的父亲，如果父亲的认可是我们的基本需求之一，你会理解我的敬畏，在这一刻，标志着被普林斯顿认可。

为什么我既是一个感恩的儿子又是一个独立的儿子？因为，简单地说，我和我的同学们在普林斯顿接受的是教育，而不是一种意识形态。

1940年代我们在这里的时候，普林斯顿建筑学院被认为是落后的；在人们的普遍看法中，这里是一潭死水——由美术学院的毕业生让·拉巴蒂把持着。

哈佛才是理想的地方。

哈佛体现了当时的精神。在那里，刚从包豪斯出来的沃尔特·格罗皮乌斯自信地灌输了现代建筑的准则，同时，西格弗里德·吉迪恩将建筑历史用来为现代建筑的正当性作辩护——将现代建筑置于历史的巅峰。

拉巴蒂也是一个坚定的现代主义者，他也为我们学生阐明了现代设计的原则，但现代建筑对他来说并不反映"词义"。它不是迄今为止建筑发展的巅峰，而是一个适合我们这个时代的词汇。他认为现代建筑是一个开始，而不是结束——是在历史背景下进行阐释的开始。

对于拉巴蒂和埃格伯特来说，历史不是证明观点的方法，而是丰富我们的视野的客观基础以及最终解放我们的工具。

现代建筑并不是被灌输的革命性的意识形态，而是历史演变的一个阶段，暗示着我们这些艺术家，通过所受的教育，可以从中成长。这种教育并不容易，但很令人兴奋。

我还必须提到我们系主任的重要作用——始终支持我们的雪莉·摩根（Sherley W. Morgan）以及鼓舞人心的艺术历史学家唐纳德·德鲁·埃格伯特，后者成了我的挚友和导师。

在我看来，这部分要归因于普林斯顿大学目前的领导地位——为什么在过去的几十年里，它培养出了更多的毕业生成为创新者和领导者，他们对今天的建筑思想和实践方向产生了重大影响。

事后看来，普林斯顿大学的研究生培养计划到底是落后还是进步呢？它是与当时的节奏不同步还是与更大的周期相一致？也许这些情况都有可能，或许这个问题无关紧要。也许你可以用埃德蒙·伯克（Edmund Burke）的话来形容我那个时代的普林斯顿建筑学院："他是一个智者，但他的智慧来得太快了。"

我想象你们可以在普林斯顿的建筑中找到类似的复杂性和矛盾性，提醒我们其遗产的丰富性和多样性以及其影响的扩散。

在这方面，我想回顾一下诺曼·托马斯图书馆，位于马尔科姆·福布斯学院——将1941届毕业生、自称"资本主义工具"的老马尔科姆·福布斯（Malcolm S. Forbes, Sr.）和1905届毕业生、六次当选社会党总统候选人的诺曼·托马斯（Norman Thomas）联系在一起，具备纪念方面的二重属性。

此时此刻，我感到既卑微又自豪。我们艺术家以自我为中心而闻名，但我们也被怀疑所折磨。我们很有能力将自己置身于空前伟大的行列，同时也被我们笨拙的愚蠢所困扰。

这是因为我们都是完美主义者——讽刺的是，此刻我意识到了自己在工作中犯过的所有错误。别担心，我在这里对我的家人和朋友们说——这次我就不列举我的错误了，尽管这种坦白可能会让人感到安慰——但我可以向普林斯顿大学保证，以它目前作为我们的重要客户的身份，我的错误只是审美上的，而且这些错误对我来说通常是显而易见的。

最后，我认为普林斯顿大学最基本和最具特色的优雅在于它的理解，在于它在儿女们失意的时候所展现的耐心，在艰难的教育和创新工作中矢志笃行。

感谢普林斯顿大学的教育和继续宽容我。

罗伯特·文丘里于1991年5月16日在墨西哥城伊图尔比德宫举办的普利兹克奖颁奖典礼上的致辞

此文最初以《接受》（Acceptance）为题，发表于《普利兹克建筑奖》（The Pritzker Architecture Prize）（The Hyatt Foundation, 1991）。

感谢杰·普利兹克（Jay Pritzker）今晚优雅而隆重的介绍。

感谢总统萨利纳斯·德·戈塔里（Salinas de Gortari）先生与墨西哥政府官员们，他们年轻而富有创造力，是我们今晚的东道主，还要感谢里卡多·莱戈雷塔（Ricardo Legorreta）对我的深情厚谊，我们在座的各位都要对他表示感谢，感谢他凭借细腻、美感和大胆、清雅，修复了今夜让我们欢聚一堂的伊图尔比德宫（Palacio de Iturbide）。

弗兰克·劳埃德·赖特曾说，建筑师应由内而外进行设计。但现在我们从更复杂的观点中接受事物，正如我们承认环境是设计的重要决定因素，因而我们的设计既应从内到外，也需从外到内——正如我早前所说的那样——这一做法能创造有效的张力，而墙体作为内外之间的变化线，被认为是空间的记录——最终成为基本的建筑事件。

既然建筑物的设计包含从内到外和从外到内的，那么，可以说，建筑师也是以这种方式被设计的，也就是说，他作为艺术家的自身发展既是通过他的内在发展而来的——凭借他的分析与素养的直觉，又是通过他的外在发展而来的——通过人与场所的影响。当我提及人与场所时，我引用了乔治·桑塔亚纳（George Santayana）传记文章的标题，但是在阐述建筑师源自外部的发展时，我会包含人、场所与机构。

此刻，我感觉身负特殊的义务，那就是去体认需求——心理与物质层面的，支持、欣赏与鼓励的需求——这种需求对艺术家与儿童的发展都至关重要。身为艺术家，无论你的直觉有多么超群，无论你所培养的内在直觉有多么敏锐且训练有素，你对外界的欣赏与认可的需求仍是不可或缺的：正如孩子需要慈爱的父母、给予支持的家庭与学校环境，艺术家们也需要他们的支持者——能够信赖的赞助者与鼓舞人心的导师，后者有时以过去艺术家作品的历史实例的形式存在。

因而此刻，我真诚地向普利兹克奖的赞助者们表示感谢，向凯悦基金这个机构表示感谢，感谢他们通过赏识建筑师对优秀建筑设计的认可与支持，还要向普利兹克奖评选委员会表示感谢，它今天特别突出地表彰了我。但我也想在这里承认，就像我说过的，那些人、场所与机构，简单来说，对我这个成长中的艺术家意义重大——我在此刻也应关注他们。

我相信，当我满足了特定列举的人、场所与机构的需要时，我不会狂妄自大，而是与之相反，强调我对外界影响的感激；同时，如我所言，我也许能借由自己独特经历中的案例来启发年轻的建筑师，因为他们在工作中选择了自己的道路。

首先，按时序来说，或从实际而言，是我的父母，我与他们共同生活在美丽的物件中，他们在我年幼时给了我很多积木玩，也给了我很多好书读，并与我分享他们对建筑的热爱。第一次去纽约的旅程仍历历在目——可能那时我8岁——我记得当我们到达第7大道的老宾夕法尼亚车站时，父亲激动地示意出租车司机靠边等待，然后领着我步入柱廊，在那儿能鸟瞰以卡拉卡拉浴场（Baths of Caracalla）为原型建造的大厅。我将永远不会忘记那令人叹为观止的景象，宏伟的城市性空间沐浴在从天窗泻入的环境光中。而后，母亲站在合理但非正统的立场——社会主义者与和平主义者——为我这个门外汉抚平了心中的波澜。再者，父亲通过辛勤工作给我留下了一笔微薄的遗产，这使我成为一名年轻而有思想的建筑师，变得更加勇敢和独立。

在普林斯顿大学美丽的环境中，作为本科生的我感到飘飘然，因为我在许多科目中发现了迄今为止在我的世界观中无法想象的东西，在那里，让·拉巴蒂在他的绘图室中给予我谆谆教诲，其中所蕴含的生动、形象而富有创造性的历史类比，丰富并拓宽了我的视野；唐纳德·德鲁·埃格伯特后来成了我最亲密的导师，他将现代建筑的辉煌娓娓道来，但在历史背景下，历史是用于挖掘与启迪的，而非用于辩解或倡导——历史含蓄地承认现代主义建筑是当时的有效方向，但我们学生的现代主义可以这样发展而来——不是将现代主义视为历史的终结，也不是作为意识形态。在普林斯顿大学，我是一名真正的学生，而不是神学院学生，接收被广泛传播的话语。我在普林斯顿大学的时候，我们建筑系的学生被鼓励去超越。

大学社群的同学们，尤其是我的室友埃弗雷特·德·戈耶（Everett de Golyer），他以自己为例，向我展示了优雅、智慧与善解人意的品质——他的遗孀、我的朋友海伦·德·戈耶（Helen de Golyer）今晚也在这里。

罗马，当我在1948年8月的那个星期天第一次看到这座城市时，便兴奋不已——这次是在一个地方而非一个机构里——在"罗马的金色气韵"中发现意想不到的步行空间以及形式的丰富。

罗马美国学院，我是该学院的研究员，它由平易近人而又热情好客的主持者——院长与他的配偶——劳伦斯与伊莎贝尔·罗伯茨（Laurance and Isabel Roberts）夫妇带领，凭借学院的地理位置，我也许每天都生活在建筑天堂，透过米开朗琪罗、博罗米尼、布拉西尼、山丘市镇以及其他历史上的良师与古迹，我学得了新的知识，在那里，我还发现了艺术上的手法主义在我们这个时代的有效性，并且从旅居者的角度，看到纳沃纳广场（Piazza Navona）以及最终的主路时，我能更好地理解我的国家及其日常生活现象中的智慧。

路易斯·康，我那知识渊博的老师，最终在某种程度上，就像所有老师那样，他也成了我的学生——我相信，现在我可以承认，在我指导儿子的同时，他是如何通过他的美学敏感度来影响我的。

菲利普·芬克尔珀尔（Philip Finkelpearl），他是我大学时的伙伴，也是我最好的朋友，他是专注的学者，也是天生的老师，他始终都很欣赏我，并教导我将手法主义作为艺术的而非建筑的特质，并将其作为批评的维度。

弗兰克·弗内斯的无与伦比的建筑给了我启示，我从中悟得了一个生动的道理：你可以在品位方面改变想法。

耶鲁大学的文森特·斯卡利，我的朋友，德高望重的学者与评论家，他很欣赏我的第一本书以及我们的工作，当时我初出茅庐，其他人要么认为我出局了，要么觉得我出格了。

我在宾夕法尼亚大学与耶鲁大学的学生，我以评论家与老师的角色向他们学习，并为他们撰写了《建筑的复杂性与矛盾性》，这有点像我的建筑理论课程的颠覆版。

我们的工作室由世界上最尽心尽力、最有才华的建筑师们组成，他们使我们的建筑真正成为合作的产物并尽可能优秀。

当然，我们的客户非常重要，尤其是在早期能理解住宅的客户，他们容许我们工作，因而让我们有了今日的成就，包括彼得·布兰特与桑迪·布兰特（Peter and Sandy Brant），我们为他们设计了三栋住宅，还有我们早期的机构客户，他们通情达理而又大胆无畏，比如欧柏林学院（Oberlin College）的理查德·斯皮尔（Richard Spear）与艾伦·约翰逊（Ellen Johnson）以及"最佳产品"（Best Products）的辛妮·路易斯与弗朗西斯·路易斯（Sydney and Frances Lewis），他们的赞助结合了支持与优雅，并使我们得以测试有关商业扩张环境的想法。

再次提到普林斯顿，而这次我并不是殷切的艺术家学生的孵化器和解放者，该机构的受托人让我成了理想的赞助者之一，这些赞助者多年来以各种方式给予了我们很多工作机会，在另一个我深爱的场所——普林斯顿校园。

还有普林斯顿大学现任校长威廉·鲍文（William Boven）与教务长尼

尔·鲁登斯廷（Neil Rudenstine），他们作为赞助者就像是我们工作室的洛伦佐·德·美第奇，优雅得体，洞察敏锐，从不吝啬赞美之词。

那些职业评论家与编辑，他们并非利用我们，而是给予理解，进而带给我们鼓励；甚至那些长久以来用字面上的恶意来娱乐我们的英国评论家们——他们将国家美术馆塞恩斯伯里侧翼的立面称为"科林斯式的鲁莽"，或"如画般的平庸烂泥"，或"另一座粗俗的美国后现代主义作品，手法主义大杂烩"——后者因颇有韵律感而令人赞不绝口。

而对于那些受教于我们并超越了我们的年轻建筑师和评论家：还有什么能比我们在他们眼中并未成为老顽固更让我们备感欣慰的呢？我指的是今晚到场的建筑师弗雷德里克·施瓦茨（Frederic Schwartz）与历史学家暨评论家西尔维亚·拉文（Sylvia Lavin）。

英国建筑，尤其是在其古典主义传统中，古典秩序所存续的能量与意义不应作为普适性与永恒性的表达，被奴隶般地服从并被不断地重复应用，而应作为力量的展现而存在，不断演进、变形，从而将稍纵即逝与永存不朽合二为一——正如史密森（Smithson）、琼斯（Jones）、雷恩（Wren）、凡布鲁（Vanbrugh）、霍克斯莫尔（Hawksmoor）、亚当（Adam）、索恩（Soane）、格雷克·汤姆逊（Greek Thomson）、韦伯（Webb）、麦金托什（Mackintosh）、勒琴斯（Lutyens）等人那振奋人心的作品所呈现的那样。

我借用罗马的视角与丹妮丝·斯科特·布朗的眼睛向拉斯韦加斯学习，在那里，我们能发现有效性，欣赏商业带与城市扩张的生机以及商业标牌的活力，它们的尺寸适应了高速移动的车辆，它们的象征主义昭示了我们这个时代的图像学。因而，在那里，我们可以确认象征主义与大众文化的元素对建筑而言至关重要，日常生活中的智慧与商业化下的乡土让人灵思泉涌，正如工业化下的乡土之于现代主义建筑早期的启迪作用。

托斯卡尼尼指挥的贝多芬乐章，从容而又克制——桑塔亚纳（Santayana）的另一个短语，一位出色的舞者所具备的特质——一个贝多芬式的古典主义者，他并不是以浪漫主义作曲家的先见之明来解读的，其表达并非源于指挥家而是源于音乐，其张力源于旋律和谐与不和谐之间的平衡。

京都的传统建筑揭示了建筑作为庇护所的基本品质，作为生活及其设施的复杂性与丰富性的宏伟背景，其本身演化出了多种规模与样式。东京，这座当代都市，也许能作为解构主义的有效表现，诚然，它吸纳了多元文化与品位文化的并置［用赫伯特·甘斯（Herbert Gans）的话来说］，在不同尺度下模糊地反映了过去的城市结构，并大胆地升华了当下的绝妙技艺（tour de force）——富有冲劲（élan）、生活乐趣（joie de vivre）、俏皮话（jeu d'esprit）以及令人难以置信的要派头（出于某种原因，用法语词汇来描述似乎很合适）。

井筒昭雄（Akio Izutsu），他是位好客的朋友和沉默寡言的讲师，向我们介绍了京都的建筑与文明，他的方式让我们到京都的第一天就获得了如同在罗马受到的启示。

最后，你会发现在这个松散的时间叙述中，我更多地用到了第一人称的复数形式，也就是"我们"——丹尼斯与我。若没有与丹妮丝·斯科特·布朗作为艺术伙伴的合作关系，我的所有经验——赞许、支持与体悟，可能连一半都无法企及。今天这个奖项所认可的作品在尺度与特质的维度上都会大大缩减，包括理论、意识形态与感知维度，尤其是社会与都市的维度，它们附属于乡土、大众文化，从装饰到地方性的设计——在我们设计的特质中，丹尼斯那创造性与批判性的投入起到了决定性的作用。

至于另一层面的细节，本可以包含其他长久以来给予支持的朋友与客户，但为了不无休无止地继续演说，我应打住了。我坚信，鉴于墨西哥这个国家在建筑上沉淀已久的辉煌以及当今社会经济发展的前景，它必将成为我作为一名建筑师发展成长的重要之地。

我必须结束这个艺术家的庆典了，或者说是这些艺术家圈子中的支持者的庆典，我想再次感谢普利兹克奖对我的充分认可，感谢这些人与场所，若没有他们，我或我们也无法成为真正的艺术家——艺术家内在的与生俱来的美学敏感必须在进取而文明的环境中受到重视与锤炼。为支持与自力更生欢呼吧。

现在我相信这篇传记般的列举不会变得以自我为中心——也不会变得随意草率——但我并不想在这种场合对建筑恣意妄言，或者冒着如此行事的风险，而应像表达感激一样——作为关注自己直觉的艺术家，信任并且估量自己的美学敏感、预感、冲动、感受，而且在内心深处不迫使自己用理应如此的方式思考——同时也应承认身外的这些人、场所与机构的重要性。

萧伯纳笔下的伊莉莎·杜利特尔曾说过："若想成为淑女，我必须被当作淑女来对待。"我一直在说，这句老话也适用于艺术家，谢谢大家把我当艺术家来对待。

圣公会学院第50届同学会声明

写于1992年。

作为丹妮丝·斯科特·布朗的丈夫和詹姆斯·文丘里（James Venturi）的父亲，我一直很幸运、幸福和自豪。

我一直很幸运地做着自己喜欢和适合的工作——伴随我艰难跋涉的是人们对我的热切关注，在这种关注中，我经历了满足和沮丧两个极端之间的合理平衡。我有幸与丹妮丝·斯科特·布朗在知识和艺术方面以职业关系共事，我们这一对合作伙伴在所工作的领域获得了认可，既有赞许也有不利的评价。我最终不会太贫乏，也不会太富有，但我们充满压力的生活，就挑战、旅行、朋友和家庭而言，是丰富多彩的。

回首过往，我意识到我的家庭生活也很丰富，因为我的父母都是有天赋且有原创性的，一位是移民，另一位是"移民的第二代"，他们树立了良好的榜样——德、智和美——一直相爱并互相扶持。

我在圣公会学院的9年是积极进取的，在那里的基本训练是由全体教员的理解和支持来加以熏陶的——在我作为理论作家和实践建筑师的后续工作中，我所提及的精神和语言方面的训练培养了我一定程度的自信和轻松。但遗憾的是，我不得不成为一个书呆子，就像我们现在所说的，在一个朝向体育而不是艺术的圣公会的环境中。

正是在普林斯顿，世界向我打开了我的哲学所不能想象的一面，在那里，我可以学会承认自己的本能，并追随它们，就像我在那个社区的家中努力工作一样。与此同时，我很遗憾我没有同许多圣公会的朋友保持联系。

我想我可以用缅因州的一个脾气暴躁的承包商的话来总结我加入圣公会以来的生活，当我向他表达了和他一起建造一座住宅是多么美好的时候，他说，对他来说"这是美好的——偶尔。"

我写这篇文章的时候，正在一架摇晃的飞机上经受考验，这是我们放松管制的航空公司的典型特征，当时乘客和乘务员边笑边唠叨，就像在举行一场永恒的家庭聚会，充满了皆大欢喜的精神。

我写这篇文章是为了哀叹我们这个可笑的、成为笑柄的地方——当我们的国民经济、社会敏感性、创造性承诺和伦理精神屈服于过度的军事工业过度的复杂性、腐朽的资本主义和猖獗的官僚主义时，这与我们这个时代在圣公会的"无所不能的美国"的品质形成了鲜明的对比，这种品质以信心、技能、指导和生产的程度为合理特征——还包括《宪法》和《权利法案》中接近这种理想主义的程度——那时我们这里是一片非常自由的土地和勇士的家园。

向……学习

两个天真的人儿在日本
（罗伯特·文丘里和丹妮丝·斯科特·布朗）

此文作者为罗伯特·文丘里与丹妮丝·斯科特·布朗，之前发表于《建筑与装饰艺术：两个天真的人儿在日本》（*Architecture and Decorative Arts: Two Naifs in Japan*）（Tokyo: Kajima Institute Publishing Co., Ltd., 1991），第8–24页，作为由日本诺尔国际（Knoll International）举办的"文丘里、斯科特·布朗联合公司"（Venturi, Scott Brown and Associates）展览的目录；曾刊载于《路易斯安那·勒维》（*Louisiana Revy*, 35, no. 3）（1995年6月），第4–9页，作为在丹麦路易斯安那现代艺术博物馆举办的"今日日本"（Japan Today）展览的目录。

在1990年我们第一次去日本和韩国之前，我们对建筑最生动的印象就是久远的古典庙宇，或是洛吉耶神父（Abbé Laugier）所描述的"原始棚屋"（Primitive Hut）。另一种极端也许是孩子画的房子，或是它在栗子山中的凡娜·文丘里住宅立面上的表现。尽管该建筑在设计上更偏向于形式而非象征，作为古典主义的手法主义演化，其围合与尺度所包含的复杂性与矛盾性，也说明了其本质的象征意义。从最基本的角度来看，这栋房子包括了挡雨的巨大屋顶，靠近屋顶中心的烟囱，掏空一个门洞的墙壁，那扇门上的拱形装饰让入口更加明显，还有在墙壁上的传统的窗户以及嵌在里面的常见窗格。设计之初，带有四个窗格的方形大窗户便是（尽管现在这仍令人难以相信）一个直白而强有力的符号，涉及传统与历史的参考。筑有女儿墙的前后墙体，集中呈现了建筑立面最具代表性的质感，并且赋予了外观中的各种元素以建筑学上的象征性和特定性①。25年之后，在日本的庙宇建筑中，这般同样质朴的品质让我们无比动容。

多年来，我们迟迟未赴日本，因为我们是现代主义建筑师——或者说是因为现代主义建筑师，从布鲁诺·陶特到赖特、格罗皮乌斯等，都极为推崇京都的古典建筑。每一代西方建筑师都在日本看到了他们想看到的东西。我们这一代所接触到的解释，是大浪淘沙后的沉淀；它呼应了早期现代主义建筑的极简主义、结构主义和模度的纯粹性，并且聚焦于京都的别墅与神社。早期现代主义建筑师的相机和经过裁剪的相片，向我们传达了特定的日本历史建筑的影像，使我们认为日本建筑有些"假正经"（goody-goody）。去除了复杂与简单、繁复与平实之间的尖刻对立之后，我们的祖先让这个建筑看起来与我们无关。我们转向西方，而不是东方。我们这样做是对的，还有一个原因，我们对自己的传统有足够的了解，意大利与英国很适合我们。我们也意识到：若不了解东方建筑的象征意义，而只取用其建筑的形式，是危险的。这就是我们为何在写这篇文章的时候，承认我们的天真。

所以，京都之行提上了日程。到那儿的第一天，我们便获得了人生中的重要启示，可与我们初到罗马（罗伯特·文丘里于41年5个月零20天之前去过）相比，又同《初读查普曼译荷马有感》（first looking into Chapman's Homer）②的茅塞顿开之感。三门（Sanmon Gate）③与南禅寺（Nanzenji Temple）④基础的尺度——就其巨大的体量而言，不同于小巧玲珑的"人类

---

① 参见：罗伯特·文丘里在其1982年哈佛格罗皮乌斯演讲中对这座房子作为象征的解释，发表于1982年6月《建筑实录》（Architectural Record）的第114–119页。

② "On First Reading into Chapman's Homer"，英国诗人济慈于1816年所作。当时，济慈的良师益友查尔斯·克拉克（Charles Cowden Clarke）向他介绍了乔治·查普曼（George Chapman）所译的《荷马史诗》，两人彻夜通读；济慈于次日上午10时左右，邮寄此诗给查尔斯·克拉克。诗中饱含济慈幡然醒悟、灵魂如获重生之感。——译者注

③ Sanmon Gate，"三门"或"山门"，有"三解脱门"之说，是日本最重要的禅宗寺庙之门。——译者注

④ Nanzenji Temple，日本京都的佛教寺院，是日本最早由皇室发愿建造的禅宗寺院。——译者注

尺度"，而类似于意大利的城市尺度——木材建成，庄严凝重。其次，华丽和服的五颜六色、丰富图案和多样款式与寺院纯净且外表简洁的建筑传统相互并置。对我们来说，这两者必须在美学的制衡中加以涵盖和构想。不同于尊崇纯粹主义的前辈，我们需要观赏衬以和服的建筑。

　　然后是物件，各式各样的奇珍异宝，并非乏味平庸的品类：玩偶、餐具、球、盒子、套盒、发夹、雕像、筷子、筷架、连环漫画册、神像，其质地各不相同，其中有石膏、瓷制、纸制、竹制、漆木，均技艺高超、着色施彩。这些物件——不管是媚俗的还是其他的——在寺庙外的市集上售卖，与建筑的肃穆相悖，也许是饰有图案之和服的替代品，这些和服曾游弋于建筑的屏风、垫子、空间、结构网格、垂饰之间。尺度上的极端并置，只有米开朗琪罗和法老的建筑能与之相提并论。在这里，在小物件的喜悦、生机与活力中，可谓是日本版的"上帝在细节中"。

　　然后是庭园，尤其是桂离宫（Katsura Villa）中的，那里的自然被程式化了，表现并象征了自然的多样性，这种无比卓越的才智与我们在市集里发现的多样化与微型化类似。然而在勒·诺特尔（Le Nôtre）设计的法国园林中，自然变得抽象，在京都的庭园中，自然的本质是通过象征来表现的；寺庙花园依托其多样、统一与复杂的组合，暗示着自然景观是一个整体。第一天的下午，真实的自然相互配合，洒下了必不可少的雨滴，在池塘上形成跳跃的图案，如同和服上的图案一般。

　　此外，还有多样性。京都的庙宇有着极为一致的建筑传统，但这其中又有着不胜枚举的特例。这些矛盾在美学与感性效果上是异常强烈的，但在大多数情况下都是合理且能理解的；倘若两者互不相容，考虑到关怀（care）之情境，谁又会担忧呢？关怀——对设计中众多细节的关注：从筷架到镏金的寺庙绘画，从建造到维护——营造出一种氛围，浸润着那个地方所有的艺术。

　　后来，我们在此处领会了更为深刻的经验：京都的庙宇建筑（以及我们后来认识到的奈良庙宇建筑与伊势神宫）不仅仅是看似简单而实际复杂，它们是质朴的，也是通用的。传统日本建筑的基本庇护特性以屋顶为象征——出挑深远的斜脊屋顶也许是这些建筑的主要元素。屋顶无处不在。大门既是一个有屋顶的庇护物，也是一个入口；花园围墙有一个小屋顶，作为墙顶；屋顶有时显得多余，但又极富表现力，如宝塔上竖直堆叠的屋顶，或是为天窗而添设的屋顶。

随后对韩国与日光的访问使这个具有基本庇护性能之屋顶的想法更加生动了。在那里，屋顶下复杂的木构建筑被涂上鲜艳的色彩，饰有精致的图案。色彩免受雨水侵袭，在阴影中供人观赏。相对精致的墙面，端部有着脆弱饰面的女儿墙，人们生活于近旁，不时触碰，基本上成了家具。庇护屋顶与下面家具之间的对比——屋顶主导并使建筑合而为一，而那些在它之下的要素基于人体的尺度，精致、复杂、包容、宽厚（forgiving）——营造了一种经典的建筑，我们从中受益良多，并且铭记在心。一种只是由简单的庇护元素而不是雕塑组成的建筑（诚然，特别是在韩国的别墅和庙宇上，覆有统一的银色琉璃屋瓦，通常成群出现，复杂堆叠，产生一种几何式的美学暴力，异常震撼）。

当然，我们承认，这种基本的庇护屋顶是源于多雨气候地区的建筑传统；这是大斜面屋顶通过保护性悬挑向外延伸的原因之一。当然，尤其在西方历史上，有种与之截然不同的传统：墙体超越屋顶成为主导，从圣彼得大教堂到萨伏伊别墅都是如此——我们事务所的设计也遵照了这一传统。但随之而来的一种趋势是忽视建筑作为庇护所的功用，而将其当作雕塑，实属遗憾。雕塑家雕刻的东西是立体的；他们制作的物件与内部几乎没有联系，而内部必须保护起来免受雨水的侵袭；它们与重力的关系可能也无关紧要了。

雕塑就其性质而言是相对昂贵的；尽管如此，若用建筑标准来衡量，它就显得廉价了。人为建立联系的物件和结构，对这两者组合的漫谈是另一种自负，在雕塑领域更甚于建筑领域。他们那一闪而过的思想表达确实昂贵——但对于建筑师来说，成为卓越艺术家必需的条件之一便是理智。随着解构主义建筑（Decon architecture）的兴起，首次访日点醒我们建筑的基本要素是庇护（shelter）——甚至比空间（space）更为重要——尽管晚期现代主义理论将空间奉若神明。无论是东方的还是西方的，单一的历史庙宇，都是理论家与建筑师不能忘记的基本模型。

当今的东京给我们的教益，其重要程度不亚于历史底蕴深厚的京都所惠赐的。对于两位天真的建筑师来说，向东京学习，关注的是城市设计与当下的建筑。就像孩子初到大城市一样，我们一路惊呼"看那儿"或又时不时地感叹："现在我都看遍了！"我们被人驱车载着四处转悠，总是疲累，但很快乐。

东京把众多角色融于一身——尽管是混乱的演绎。日本人喜欢将东京描述为"混乱"（chaotic）；而日文的"chaos"一词是由英文改编而来的。但这不是一种令人信服的混乱，或是一种我们尚未理解的秩序吗？又或是一种没有痛苦的含糊？东京的混乱源于其多样的尺度、形式、象征和韵律：

- 其建筑，斑驳的乡村住宅和采用最新建筑风格的全球企业高层建筑，两者密集地并置。

- 其宏观和微观企业，一些蜗居于"铅笔"楼内，12英尺宽，10层楼高，选用的风格包括从1950年代的现代主义到最近爆红的解构主义，都展现出了勇敢无畏与微型化的才智；而其他则是跨国规模的企业，建于广阔的城市更新地景中，比美国的建筑更有活力，并能更好地衔接城市。

- 其文化并置，全球组织和传统的装饰发夹平分秋色，各种品位体系共存，因此，建筑也较世界其他地方更为自由和多样。

- 其弹球盘游艺厅内，设有吃角子老虎机和闪亮夺目的霓虹吊灯，通过镜面墙和顶棚，明灭间隔，射出无尽的璀璨；而这些店厅毗邻最为精致、考究的高层办公大楼，或是紧挨着欧洲和日本的高级时装精品店，那儿的环境由日本最杰出的建筑师设计的；而这些店铺就在人行道上一排排的可乐机和其他自动贩卖机旁边。

- 其城市小神社，夹在购物街上的店铺之间。
- 其历史庙宇有时被庭园围绕，由市集为之供给，售卖之物琳琅满目，大多是小物件，集工艺、智慧和（或）美感于一身，让人禁不住诱惑。
- 其百货商店里塞满了来自欧洲和日本的高档设计产品与奢侈品。
- 还有日益增多的美国快餐店。

在城市的基础设施中，所有这些都以歪歪斜斜的形态出现，不可思议地并置在一起。城市的基础设施中有笔直的街道，绿树成荫的宽阔大道以及大量的商业标志；或是曲里拐弯的小巷，两旁是挂满电线的电线杆；或是沿着水道和架于其上的高架公路，有些甚至越过小房子的屋顶，小房子的院子用围篱圈住了高架路的支撑物。

而后，精妙的电子标牌定义了城市的建筑，装点了楼房，衬饰了街道。东京的标牌，闪耀夺目，异彩纷呈，至少可与拉斯韦加斯的弗里蒙特大街媲美。而英文标牌中的机智与诙谐，是英语国家都难以超越的，比如："哎哟（Oops）"，"玩具箱"（Toy Box），"颠簸"（Bumpies），"嘉门俱乐部"（Club Kamon），"本田第一"（Honda Primo）等。同样，时下的日本建筑以毫不掩饰的活力和乐趣，胜过了西方的同类建筑。如今的西方建筑，或轻浮肤浅，或耗时费力；而东方的此类建筑，或精致繁复，或天真质朴，比如幕墙用3英尺宽、18英寸深的六边形"螺钉头"连接起来的高层建筑。当代建筑出现在东京与京都，我们喜欢；但出现在其他地方，我们无法接受。在东京的特定环境中，在欢快的派对上跳一支吉格舞并不为过；但在其他城市里，这会被视为对衰败之道德思想的不负责任的侵扰。自信使粗俗之事为人接受，精神使平庸之物惹人喜爱。

餐饮也是种类繁多，品质考究。我们极喜爱本地美食，却无力置评，但在东京享用的法式与意式餐点是我们所到之处中最棒的，包括其中一家位于黑色的饭店与楼梯间的意式餐厅——菲利普·施塔克（Philippe Starck）令人惊叹的设计。然后，出租车，永远是完美无瑕的，车顶灯有着各式各样的形式、符号、图案、色彩，区分出200多家出租车公司，并反映了整体情境的多样、精神和智慧。

东京的布局常被冠以混乱之名。据说，这座城市最初被设计成一个迷宫，用来迷惑接近幕府将军城堡的军队，现在是皇宫所在地。这个公园般的建筑综合体，尽管其房屋都隐蔽了起来，但它是这个巨大城市的形式和象征布局中少有的体现等级的元素之一。

如果在混乱之中，在表面之下，存在着轻声低语而非大声疾呼的秩序规则，那么这些规则可能源于城市的早期技术；源于决定屋内房间宽度之轻型木材的跨越能力以及防火要求的间隙与分隔，还有地震安全所需的小型建筑元素。这些前工业时代的需要决定了传统城市的分级区域和财产所有权的模式。"二战"之后，在这座被摧毁的城市之上，一座崭新的城市在10年内建设起来。这座以1950年代的古奇建筑（Googie architecture）[1]统一起来的城市，正根据日本的全球经济需求进行更新与升级。其结果将是城市结构之不同规模和类型的叠加模式，因而风格迥异与规模不一的建筑结构层出不穷，让人不知何故地想起和服上的图案，或是日本木刻上的图案与褶形和服。

具有讽刺意味的是，在日本这个以纪律、礼节与礼仪规则而著称的社会，建筑师能够在艺术方面做一些他们在其他地方不会被允许做的事情。其成果，比如近期东京的波普—解构主义（Pop-Decon）构筑物，看起来要比欧洲或美国的更好，这些建筑形成了东京灵动而独特的一部分，东京是将异国情调和司空见惯——几乎是司空见惯组合在一起。

---

① Googie architecture是现代建筑的一种形式，是受汽车文化、喷气机、太空时代和原子时代影响的未来主义建筑的一个分支。——译者注

　　尽管东京独特至此，上述的建筑气质仍能够唤起我们对世界上一些城市的印象，尤其是通达世界而贸易繁荣的城市，比如在威尼斯，东方的拜占庭气韵融合了"现代"文艺复兴式和巴洛克式建筑；再如19世纪的伦敦，商业帝国之首都，在中世纪格局为主的街道上，其建筑风格极为多样，兼收并蓄。

　　更具有讽刺意味的是，全世界的国都——其类型不管是皇权的、商业的还是金融的——并不倾向于通用的建筑语汇，反而对其领域中的多样性做出回应。商业帝国青睐折中主义建筑（eclectic architecture）的绝佳例证，便是由埃德温·勒琴斯爵士（Sir Edwin Lutyens）设计的位于新德里的总督府（Viceroy's House）。然而，随着世界变得越来越小，普遍性（universality）的某些方面确实在演变，麦当劳、汉堡和日本丰田汽车如今几乎随处可见。但是，普适性元素的组合仍可依据当地的条件而保持独特性。总体而言，当下的趋势可能导向更大的多样性，而非相似性。

　　其他的亚洲城市可能在某些方面与东京类似，或许洛杉矶也是如此，但洛杉矶缺少东京那种异于平常的繁华，而美国城市无处不在的格状规划和相对较低的城市密度，显著改变了这一格局。东京与洛杉矶，是浓缩的，是解构的，还是诙谐的？东京对城市基础设施的细心维护以及它无所不在的市民自豪感，也许可以同当今的西欧城市相媲美；但与任何美国城市相比，它都是出类拔萃的。这种都市品格是日本的注重细节、管理精细、工匠精神、技艺精湛的外在表露，无论是传统玩偶的工艺，包裹的材料，食物的布置，酒店或机舱的服务，还是房屋中的技术和建筑细节，都是如此。

　　日本人有时会因缺乏独创性而受到批评——他们的传统艺术承袭自韩国与中国；他们的许多当代形式是基于西方技艺与审美原型。我们不具备做出这类特定判断的知识，但我们认为上文所述的品质——关怀、技艺、精神以及海纳百川的胸怀——和独创性一样，都是艺术品质的一部分。正是这种老练与天真、锐意与克制，或者如乔治·桑塔亚纳所说的"张弛有度"

（discipline and ease）的结合，让这座城市和它的艺术与众不同。它或许代表了一种伴随经济繁荣和高昂士气的美学精神。在我们的反应中，我们发现自己不断地使用法语词汇——生活乐趣（joie de vivre）、俏皮话（jeu d'esprit）、绝妙的技艺（tour de force）、冲劲（élan）、羽饰（panache）、阿拉伯式花纹（arabesque）、集锦（pastiche）、难以置信（incroyable）——来描述城市中象征、形式、规模、文明、模式的不拘一格的并置。我们自己编造的短语——有效的解构主义（valid Deconstructivism）——似乎定义了这种古怪的都市生活。

对城市来说，解构主义是有效的；解构主义用于城市比用于建筑更加自然，因为城市不需要避雨挡风或散热保温，还因为城市的建成不是一蹴而就的，而是循序渐进的，况且现在我们没有王子，只有作为建设者的个人与委员会。

到东京仅仅两日，罗伯特·文丘里就不经意地向一位建筑师听众说："热爱你的城市，因为它的精神与现实清晰易见；拥抱这些元素所激发的矛盾和张力，不要抗拒。"对我们来说，这种没有等级或感知秩序的都市建筑综合体可能是建筑解构主义，或者更确切地说，是城市解构主义的第一个有效表现，这种表现代表的不是"不称职艺术（incompetent art）的杂乱无章或任性妄为，也不是如画或表现主义矫揉造作的复杂，而是现代经验所包含的丰富与模糊"[1]。

你在当代的东京与历史（与当代）的京都所见到的是对我们的时代之现实与紧张（我们忘记了极其严重的交通堵塞）的适应和赞颂：全球交流与共同繁荣促进了文化的多元性；品位文化（taste cultures）重叠的多样性（我只在东京搭配交响乐）——这样的复杂性、矛盾性和由此产生的含糊性，产

---

① 罗伯特·文丘里. 建筑中的复杂性与矛盾性[M]. 纽约：现代艺术博物馆，1977：16.

生了丰富的效果和一种精神品格，这应是我们的时代的艺术使命，也应该是荣耀。在当今的艺术中，如果你不喜欢它，如果这个细节不太恰当，不太符合你的品位，都没有关系：这种你喜欢或不喜欢之间的紧张关系，最终会提高你的忍耐力和敏感度，会允许城市的形式格局变得"混乱"，在其基础设施的各要素及其维护上按规定行事，在细节的凸显方面令人无法望其项背，并被解读为全球商业组织之都。

最终，那些封建时期街道布局的残留、土地的价值和地块整合带来的抑制作用以及蓬勃发展的时代，共同创造出了真正的张力，也演变出了精巧的都市生活方式。我们访日所学是如下两者的融合：建筑中各要素的现实意义和手艺中的精神。

"文丘里小店"

以前发表于1995年6月的《路易斯安那·勒维》（*Louisiana Revy, 35, no. 3*），
丹麦路易斯安那现代艺术博物馆。

　　作为美国建筑师，丹妮丝·斯科特·布朗与我已对日本的艺术与文化、
历史与当下做出初步回应——我们在其中加入了自己对过去的西方艺术家与
建筑师的观点和见解，他们在写作中明确承认了日本的影响，或让这些影响
通过作品表露出来。我们解释了为何迟迟未赴日本，部分原因是20世纪众多
建筑师关于日本的解读，他们强调极简主义审美，并将复杂性和矛盾性明确
排除在外。他们描述京都的寺庙和神社以及桂离宫的绝妙、纯粹的结构，却
通过审美的主观屏蔽和经过裁剪的照片，将其余一切都排斥在外。

　　我们永远不会忘记在京都第一日的惊异——1990年2月28日，这一天永
远值得庆祝——我们感受到了京都神社的纯粹与其所处环境的不纯粹，不仅
是它们附近的环境，而且是庭园所象征的自然世界这一复杂的整体——更不
必提及，我们可以放心地假设和轻易地想象由下述因素构成的环境：人们穿
着色彩缤纷、图案各异的和服在空间中移动，是环境的组成部分——也存在
于延伸的环境之中，包括市集场地。在我们的视角之内，我们欣然接受充满
美学与技艺复杂性的市集，并且承认在颜色、图案、尺度方面的感官和抒情
维度。因此，京都作为日本艺术与建筑的典范，随处可见隐神社于庭园、开
市集于街巷、附图案于和服的情形——朴素的神社也因环境中的复杂并置变
得令人赞叹。

我们也发现大多神社在秩序井然间充斥着多样与例外。这种有着广角视角的京都，这种包容的观点，赞扬简单质朴与复杂多样，因而将和谐与不和谐也囊括其中，这个整体在矛盾的维度中丰富而有张力。这种对建筑与城市主义的诠释启发了我们对现在的建筑与城市主义的回应，所以我们能够深爱并理解东京与京都，直至永恒①。

至于组成市集的物件。这些物件让我们着迷的原因在于它们能即刻展现技艺、自豪与智慧。在我们的时代，这些都是稀少而珍贵的元素，正因如此，我们才对它们喜爱有加：在我们国家，你也许会发现任何两种特性的结合，但极少能同时结合三种特性。最后，我们被关怀这一元素深深吸引。在日本，上帝与匠人同存于细节之中。

我们俩并非正规的收藏家，没有收藏所需的存储空间、时间和经济实力。在这里陈述的大多数收藏品证实了日本闻名于世的送礼习俗——这种习俗所展现的慷慨的特点，在我们的朋友井筒昭雄（Akio Izutsu）身上得到了体现，他十分享受我们收到各种礼物时如孩童般的欢喜，有精致的，有流行的，有工艺精湛的，有廉价庸俗的，他在东京和日本的旅途中赠予了我们许多礼物。这些物件大多来自于井筒昭雄所命名的"文丘里小店"，好多都是他和我们在挑选时非常欣赏的。丹妮丝·斯科特·布朗和我在日本自己购物，因此这本书的标题中的单词"shops"可以是动词，也可以是名词。

当你回顾这篇文章中陈列的物件时，以下三点十分重要：①人们注意到，其中的部分物件虽然由日本设计和销售，但由中国制造。②它们包括从几乎完全的伤感到那些涉及高雅艺术的元素和（或）包含宗教内容的元素。③这些类型的元素，并没有按照它们是如何收集的，或者在附图中它们是如

---

① 值得一提的是，芦原义信的《隐藏的秩序》（*The Hidden Order*）（Tokyo: Kodansha International, 1989）中所揭示的真相，极大地影响了我们对东京的看法。

何排列的来进行分类。这样随意的并置并不意味着对这些物件所包含的象征文化缺乏尊重，但我们希望这样能展示这些物件所涵盖内容的丰富性。

希望你们可以享受这些物件，和它们的技艺、自豪与智慧以及关怀——这些物件是我们时代的典范。

66
日本市场淘来的各种各样的物品
图片来源：马特·沃戈（Matt Wargo）

67
日本市场淘来的各种各样的物品
图片来源：马特·沃戈（Matt Wargo）

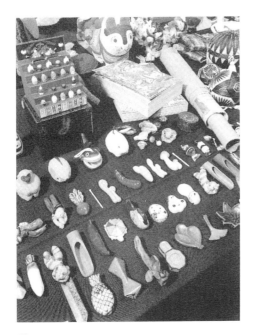

68
日本市场淘来的各种各样的物品
图片来源：马特·沃戈（Matt Wargo）

经典时代结束后的拉斯韦加斯
（罗伯特·文丘里和丹妮丝·斯科特·布朗）

此文作者为罗伯特·文丘里与丹妮丝·斯科特·布朗，发表于《霓虹：艺术中心》（Neon: Artcetera）（内华达州艺术委员会），1995—1996年冬季。

在我们最初到拉斯韦加斯大道探访的四分之一世纪后，受英国广播公司邀请，重访拉斯韦加斯，对我们来说是一件很吸引人的事。1968年，15个耶鲁大学学生以及史蒂文·艾泽努尔（Steven Izenour），还有我们，把当时的见闻记录在1972年出版的《向拉斯韦加斯学习》中，而现今，1994年的拉斯韦加斯与那时相比，城市规划和建筑都呈现出生动而又重要的演变——或许可以同文艺复兴初期（quattrocento）[①]过后一个世纪重返佛罗伦萨相提并论吧？

我们的再次研究应该感谢伯纳黛特·奥布莱恩（Bernadette O'Brian）的鼓励与理解。她采访了我们，并和她的团队制作了一档关于拉斯韦加斯的节目，并于1995年1月在英国广播公司的《深夜脱口秀》（The Late Show）上播出了。

[①] Quattrocento泛指意大利在1400—1499年间的文化和艺术活动，涵盖中世纪晚期、文艺复兴早期（始于约1425年）以及文艺复兴高峰期（始于约1495年）。——译者注

向拉斯韦加斯学习

最初的研究对象是商业带（commercial strip），这是大多数美国市中心边缘地区以汽车为导向的城市无序蔓延的一个组成部分。拉斯韦加斯大道是其中的典型，因此也是最具启发性的案例。尽管它极像经典的商业带，但并非原型，而是最纯粹的现象，兴起于广袤无垠的沙漠，没有历史的积淀。拉斯韦加斯大道在城市无序蔓延时期是具有代表性的——正如我们于1968年所记录的，拉斯韦加斯之于商业带，犹如罗马之于广场。

1960年代中期，商业带被配置为适应人们在以大约35英里/小时的速度行驶的汽车上的感知，而不是以4英里/小时的速度在市区人行道上行走时的感知，并且为长期停靠的车辆提供了停车空间。其基本城市形态包括：

- 紧邻道路且垂直于路面的巨大标牌，带有大型装饰和图形（供快速阅读），旨在让人们以相对较高的速度穿越广阔的空间时能感知到。
- 标牌后面沿路设置的大型停车场。
- 与路面平行的俗艳、闪光的建筑立面，位于停车场之外。
- 立面背后相对简单的通用建筑。

从建筑与城市规划的层面，向拉斯韦加斯学习：

- 揭示了商业带在空间中是作为一种符号景观，而不是形式——它的二维标牌，而不是建筑，在无定形的城市蔓延中，提供了身份认同。（汤姆·沃尔夫写道："拉斯韦加斯是世界上唯一的一个城市——它的天际线不是像纽约那样由建筑物构成，也不是像马萨诸塞州威尔布拉汉那样由树木构成，而是由标牌构成。"[1]）
- 讨论了被遗忘的建筑形式的象征意义——被遗忘，是因为当时和

---

[1] Tom Wolfe. "Las Vegas (What?) Las Vegas (Can't Hear You! Too Noisy) Las Vegas!!!!". The Kandy-Kolored Tangerine-Flake Streamline Baby. New York: Farrar, Straus and Giroux, 1965.

当下的现代设计都否定了建筑的象征内涵，强调建筑的抽象形式。当然，良好的品位导致你不喜欢标牌，尤其是巨型的商业标牌。

• 使我们的读者想起了图像学（iconography）的丰富传统，诸如古埃及的庙宇和塔桥，古典的希腊山墙，古罗马的拱，早期的基督教巴西利卡和兰斯大教堂的哥特式立面——如果用中世纪基督徒的视角解读，那就是一座三维的神学广告牌。

• 将标志（signage），例如沃恩·坎农（Vaughan Cannon）的杨格电子标牌公司（Young Electric Sign Company）①制作的著名的电子霓虹灯作品视为20世纪的乡土艺术（vernacular art）。当20世纪中叶的商业标牌和广告牌成为美国民间艺术的珍贵图标时，这一脆弱的拉斯韦加斯遗产会被复原为第二个威廉斯堡②吗？

• 对"鸭子"——建筑作为清晰明确的雕塑，和"装饰过的棚屋"——建筑作为二维的表面被装饰过的普通庇护所，进行了定义和区分。

此次研究的另外一个主题是关于品位以及赫伯特·甘斯③所定义的美国品位文化。在一个建筑师拥有答案的时代，永远会如此，对所有人都适用，我们建议采取无偏见的方式去讨论品位，并适应多元性与相对性。拉斯韦加斯，流行文化景观出类拔萃，催生出至关重要的"低劣（bad）"品位。

尽管令建筑师们难以置信，但这次研究也源自1960年代的社会规划运动（social planning movement）以及赫伯特·甘斯、简·雅各布斯等人对建筑

---

① Young Electric Sign Company (YESCO) 由托马斯·杨（Thomas Young）于1920年创立，标牌工业龙头企业，致力于创新标牌科技。——译者注
② 威廉斯堡（Williamsburg）位于美国弗吉尼亚州，曾是中部种植园（Middle Plantation）。美国内战时期，城市建筑遭受重创；20世纪初，威廉斯堡按照殖民时期的风貌进行复原，以保存美国历史。——译者注
③ Herbert J. Gans. Popular Culture and High Culture: An Analysis and Evaluation of Taste. New York: Basic Books, 1974. 赫伯特·甘斯，德裔美国社会学家，美国社会学协会第78届主席。——译者注

师的劝诫：对自己不信奉的价值观持更开放的态度，不那么急迫地将个人标准应用于社会问题——正如我们过去所说的，成为解决方案的一部分而不是问题的一部分。人们通过前往拉斯韦加斯而表"离席抗议"之意；社会规划师建议，建筑师应该对其视觉环境保持足够长久的蔑视，直至发现人们为何喜欢为止。我们的研究是这种更广泛尝试的一部分，以探寻如何使我们的建筑才能服务于我们的社会理想。

重新向拉斯韦加斯学习

25年间，商业带的变化不仅是通过添加新的元素，而且通过移除或改造一些元素以及改变环境而改变了其他元素的意义。

城市化

拉斯韦加斯大道被官方更名为拉斯韦加斯林荫大道（Las Vegas Boulevard）。这意味着拉斯韦加斯的城市化。通过发展周边环境，拉斯韦加斯大道已然成为传统的城市元素。平行或垂直于大道的街道激增，产生了超级街区；建造出越来越大的酒店，停车楼取代了停车场，超级街区的密度由此形成。拉斯韦加斯大道已不再是沙漠中的线性聚居，而是城市环境中的一条林荫大道；蔓延区域已成为边缘城市。交通堵塞和繁忙熙攘的人行道印证了这一演变。在最前面，人行道已经用景观加以美化，停车场变成了前院，其沥青表面被改造成浪漫的花园，将路人从林荫大道吸引至酒店的停车门廊（porte-cochère）。

从标牌到场景，从电力图像到电子技术，从装饰过的棚屋到鸭子

商业带的标牌在数量与尺寸上均大幅度减小，而并行出现的演变是：从

标牌图像（signography）到布景图像（scenography）①，从装饰过的棚屋到鸭子。向布景转变的趋势有许多生动的案例，比如米高梅公司（MGM）颇具建筑感的狮头、卢克索酒店（Luxor Hotel）的金字塔、圣剑（Excalibur）城堡，而幻景湖兼火山（Mirage Lake cum volcano）和金银岛酒店（Treasure Island Hotel）的加勒比小镇最为生动形象。在这些酒店的前院，停车场曾占主导，而现在幻景湖和金银岛上有戏剧表演——后者有真人演员和音响效果——基本上可以让拉斯韦加斯大道上的行人体验到。这些酒店倡导生动的、由鸭子为导向的布景图像，贬抑标牌和霓虹灯。弗里蒙特街上金块酒店（Golden Nugget Hotel）的艳丽霓虹灯已被移除，商业带上的霓虹灯也被LED或其他类似的白炽灯替代。移动的像素为信息时代的多元文化思潮提供了不断变换的图形和图像。

中产阶级化

标牌向布景的转变，反映出了从沃恩·坎农向沃尔特·迪斯尼的演变。迪斯尼化的林荫大道为路人提供了三维的剧场式体验，并通过角色扮演来唤起人们心中的意象——加勒比主题公园里的邪恶海盗，或是庞贝购物中心里的堕落角斗士。这完全背离了以汽车为导向的被褒扬的商业带图腾（iconography）。

这种变化涉及一种中产阶级化。现在的意象并非只是将邪恶与粗俗变得安全且装潢精致，而是提供了适宜家居生活的场所，参考新近的有益身心的范例，尽管最终的效果令人匪夷所思。这促进了市场的扩大和利润的增加，但其有益身心的布景图像会以"平淡无奇且同质的好品位……只有天堂才会如此透顶"②来收场吗？

---

① Scenography原指戏剧舞台布景的透视画法，尤其是古希腊舞台绘景。此处指拉斯韦加斯大道布景。——译者注

② Steven Izenour, David A. Dashiell III. Relearning from Las Vegas [J]. Architecture, 1990: 46–51.

购物中心与边缘城市

25年前，拉斯韦加斯由带有一条主街（弗里蒙特大街）的市中心和沙漠里的商业带构成。如今，市中心与之前相差无几，但是商业带——哎哟！是林荫大道及其都市布景配套设施，已经在某种程度上等同于购物中心，将路人置于安全的明确由人工雕饰的环境中。

此外，在拉斯韦加斯住宅区蔓延的外部界限上，正发展出一个"边缘城市"，赌场酒店坐落于高速公路上而非商业带中。例如新山姆镇（Sam's Town）很适合它所处的时代，将图像标牌、鸭子般的布景图像与另一边的停车场结合起来——在更迭演变的环境中，新旧结合。

从拉斯韦加斯到拉斯韦加斯

我们可以将拉斯韦加斯的发展总结为：

商业带变成林荫大道

城市蔓延到城市密度

停车场到前院

平淡无奇的沥青路面到浪漫的花园

装饰过的棚屋到鸭子

电力到电子

霓虹到像素

电力图像到布景图像

标牌到场景

图像（iconography）到布景图像（scenography）

沃恩·坎农到沃尔特·迪斯尼

流行艺术到中产阶级化

流行品位到"好"品位

驾驶员的感知到行人的感知

商业带到购物中心

购物中心到边缘城市

民俗艺术，生动形象，通俗平庸，活力无限，到令人难以信服的讽刺。

在《向拉斯韦加斯学习》中，我们从地理与文化的角度描述了个人的路线，这引导我们"从罗马到拉斯韦加斯"。对我们最近的旅程——从拉斯韦加斯大道至拉斯韦加斯林荫大道——进行的分析，是否能像第一次分析那样对建筑学有启发意义呢？

在工作中

最近几年关于修缮和保护简陋建筑的
一些极端痛苦的想法

专注于我们的第一个建成项目——只有大约30年！

写于1993年。

　　我写的是关于北宾夕法尼亚州访问护士协会大楼。过去的数年间，这栋大楼没有得到普遍赏识。它被维护得十分糟糕，而且在建筑后面还有唐突的附加部分——恐怕是最初的工程主管——她的名字我叫不上来了——不太喜欢这栋楼。这栋楼近期被注册会计师公司收购了。他们进行了更为深入的更新，但并未尊重设计的原始品质——尽管公司负责人从一位当地的优秀建筑师口中了解到这栋楼在艺术上的重要性之后，对当前情况表达了同情与理解。

　　我爱这个——我的第一个建成建筑。我认为它拥有真正的艺术和历史意义——尽管它规模不大——包含了现在的日常元素，这些元素对这个时代的建筑有后续影响，但是它们是原创的。我指的是装饰运用，抽象和象征性，在入口处累赘并置的装饰以及具有层级规模的入口与窗户的形制和窗户周围的造型边框之间的关系。在那时，一位亲爱的建筑师朋友把手臂搭在我的肩上，说道："鲍勃，你从不装饰窗框的。"10年后，他自己也这么做了。但这座建筑的整体形态是极其新颖的，特别是它独有的角度使它既可以是片段，又可以在弯曲时变得浑然一体，依靠这种带有角度的形状，指向停车区域——由此，停车场也成了整体组合中的积极元素。

　　建筑的后一种品质不仅支配了外部空间，并且重塑了外部空间，这在当

116

时正统现代主义原则的主导下是极富原创性的。之后你便"从里到外"进行设计，从来不会反着来。有趣的是，我的朋友贝聿铭（I. M. Pei）对位于华盛顿广场的国家美术馆的扩建，也包含了相似的有棱角的形式，而我们的小楼先于它而存在——这是路易斯·康广为人知的位于拉荷亚的索尔克中心展览馆的曲折形式。

我刚刚查阅到菲利普·约翰逊的四季酒店被编入《国家史迹名录》的消息，或许可以这样说，鄙人小作的成本只是那宏伟大作的零头，但从独创与品质而言更为重要。

建筑是最为脆弱的媒介。

25年后的老人公寓

1995年为提交给美国建筑师协会的25年奖[1]而写。

普通和非凡	最近，听到某人开车路过老人公寓时说："你现在知道所有的瞎操心是为了什么吧。"这多么令人战栗与难过啊。
	老人公寓的设计在当时似乎非同凡响，是因为它看起来很普通。这是由朋友邻里行会（Friends Neighborhood Guild）赞助的老年人住房，坐落于熟悉的环境中——费城北部的传统城市社区，结合19世纪下半叶典型的联排房屋和偶尔出现的工业建筑，均由砖砌成。
	它的设计非比寻常，是因为：
街上的一栋建筑，位于车辆禁行区中，既不是板楼，也不是塔楼	它不是巨型板楼，也不是理想化的禁止车辆通行的景观空间中的纯粹塔楼，而是一栋普通的楼，它在沿街的场地中引导着空间，在既有的城市肌理中务实地发挥着功用。

---

[1] Twenty-Five Year Award of the American Institute of Architects，由美国建筑师学会颁发的建筑奖项，该奖授予在25～35年中开创了建筑的先例，并为建筑设计和意义定义了卓越标准的建筑。——译者注

118

不规则形状的理由	作为一座非常规的非板楼建筑，其前后立面不同！它能在前面拥抱外部空间，并能使公寓单元朝南望向费城天际线的视野最大化，也使转角房间的数量最多。
不是钢筋混凝土而是砖	它的外表不是由裸露的钢筋混凝土建成的，这将优于老的砖砌社区；它类似砖墙的表面帮助建筑融入整体环境，并且提升了城市的整体性。
有窗户而非没有墙壁	它的立面上有窗户——令人反感的现代主义——墙体没有取消，在墙上开了洞口，而且是明显具有象征意义的传统窗户——不但是双悬式的，而且被窗棂隔开：它们不仅是窗户，而且它们看起来像窗户，让你联想到窗户（从那以后，这种近乎方形的四格窗成了所有建筑的母题之一）。
尺度的层级性	同一类型的窗户以不同的尺寸出现，这催生了尺度的层级性（hierarchy of scale），并且削弱了当时主导建筑之模度的一致性。
装饰图案和层级	在那时，最标新立异的元素当属外立面上的装饰图案——对我来说，这也是最棘手的，倒不是因为评论家会说些什么，而是出于我的教养促发的所思所想：这一美学姿态是否会在阿道夫·路斯（Adolf Loos）和他的极简主义支持者们从现代主义天堂的俯视之下等同于罪恶？然而，这种图案源于底部白色砖块区域和靠近顶部的条纹，是一种极富美感的并置——再次强调了层级这

119

一元素——创造出了如同意大利宫殿一般的基底、中部与顶楼。我须承认我很欣赏这种矛盾的并置：基于六层楼高的功能性秩序的由三分法构成的装饰性秩序，通过外立面上窗户的分层如实地表达出来。如今条纹无处不在，使得这些细条纹也许看起来十分乏味。

| 另外的层级 | 立面的另一处层级元素是其中心部分，通过入口、一连串的阳台和作为终端之交流室的拱形窗户！又一次表达了底部、中部与顶部，也又一次在垂直与水平方向上中和了当时现代主义建筑立面所具有的模块化的一致性。此外，现在你能在许多多层楼房的立面上发现这种建筑学的影响以及拱形的窗户。 |

| 作为平面的立面 | 位于阳台的翼墙在侧面与拱形的窗户相接，可以说，建筑立面为沿着街道的平面，或是某种形状的表面。 |

| 实际的雕塑和二元性 | 这种普通的建筑需要图像来修饰——这体现在拱形窗户上方的雕塑上，它形如电视天线，为找回来的丢失之物（objet trouvé）；由于该建筑的客户是贵格会教徒，屋顶上不能放圣母像。此外，圆柱在入口处的位置也体现了它的双重性——这根花岗石圆柱，本身既有结构性又有装饰性，在流行越细越好的当时，大得离谱。 |

建筑内部，柱廊长度得当，而且有邻里的小学生设计的装饰性瓷砖饰带。许多房间都有朝两个方向的窗户。

非强制性建筑 | 而最重要的也许是此处作为生活的背景不是强制性的。例如：在那里，美国的居住者没有被迫进入1920年代为大陆社会主义无产阶级引进的建筑飞地，它是由美国建筑师于1950—1960年代讽刺性地强行引进的。我喜欢照片中"普通"居民的家具，它们让人感到安适，其中的蕾丝窗帘也能用于我们的闲居建筑。

附言 | 哦，还有将两个前院环绕起来的铁网围栏，在当时十分普通，也因此在该背景下非同一般而非时髦别致，但它的栏杆却在靠近建筑构成的中心时有节奏地变化着。就像建筑整体一样，围栏的构造顿时加强了平凡与非凡之间的美学张力。

再附言 | 令人欣慰的是，这栋楼始终保持着影响力，或者说后来的建筑依照与它相同的方向发展，尽管并非所有的表现都具有积极的意义。

25年后关于4号消防站的一些感想

写于1992年。

　　我们费了不少劲，为了让印第安纳州哥伦布市的第四消防站与康涅狄格州纽黑文市的迪克斯维尔（Dixwell）消防站看起来像一座消防站。我们有意识且明确地将这蕴含公民性但又谦逊的楼房变得不具有英雄主义与原创性——我们从形式与象征意象方面使之平凡、传统而熟悉——符合你对消防站外观的普遍看法——也许代表了孩子对它的想法。现在人们很难意识到这在当时是多么匪夷所思的方法——最近的过去中的易感性向来是最难以重新流行的，因为那时现代主义后期的建筑都是英雄式与原创性的。现在的伟大建筑师可能会将粗糙混凝土作为消防站的材料，虽然这适用于法国南方，但美国在技术上很难达到，且难以长期维护。其形状无论如何本应是新奇的；其规模本应是巨大的，而不是公民性的。与所处环境的联系，尤其是那个小镇的环境，看上去可能会产生强烈的对比，而这经常意味着轻蔑——其周围的住宅可能会显得谦恭卑微，而消防员则在前面坐着或烤着馅饼，这让人感觉很荒唐，或者至少很不舒服。

　　基于城市的角度，我们的方法是务实的。我们始于美国城市所拥有的，并确定了其中的多样性而并非全是弊端。很难不表现出英雄气概，不轻蔑地骑着白马在主干道上驰骋，而是开车上路，并断定差不多没问题。

　　此外，我们并不鄙视商业图标（标牌）、装饰图案，或是功能性的对称。我们的建筑甚至开始包含窗户了——它们看起来眼熟，没有被刻意地作为立面上水平或垂直向条纹的一部分，掩饰在上下层窗间墙中，或是完全没有墙体。

因此，我们在这种建筑类型中使用了诸多传统元素的即时功能——它是卡车车库和消防员的营舍——象征性的——它是与众不同的城市建筑类型，但又是城市建筑类型等级中规模较小的。也就是说，它并不是市政大厅，更不是花园里隐蔽的凉亭！我们不怕使用砖块，着色砖块上的图案通过二维比例的调节而非雕塑般清晰的表达，在美学上影响着对建筑最终形式的感受。

我们遵循西方艺术的一个古老传统，即承认适当性。通过在尺度、用途和比例上的巧妙改变和调整，催生了紧张的艺术（tense art）而非浮夸的艺术。贝多芬在他的第三乐章中便是这么做的，回旋曲是由乡村曲调改编而来的。在建筑领域与城市生活中，我们有时应该以我们所拥有的事物开始，并从那里开始发展，而不是重新开始，重蹈英雄主义和追求原创的覆辙。

"历史建筑的内部空间"大会演讲

应美国建筑师协会会员（FAIA）李·尼尔森（Lee H. Nelson）的邀请，该演讲发表于1988年12月7日。会议受到美国国家公园管理局（National Park Service）、美国室内设计师协会（American Society of Interior Designers）、美国联邦总务署（General Service Administration）、宾夕法尼亚历史与博物馆委员会（Pennsylvania History and Museum Commission）、罗德岛历史与保护委员会（Rhode Island History and Preservation Commission）、美国历史保护教育委员会（Historic Preservation Education Commission）、美国历史保护教育基金会（Historic Preservation Education Foundation）、纽约州公园、休闲与历史保护局（New York State Parks, Recreation and Historic Preservation）以及佐治亚理工大学（Georgia Institute of Technology）的支持。

我有点担心这次演讲，因为通常我想知道我在说些什么。这是因为我所讲的重在过程而非实质。

我谨以建筑师的身份在此演讲。我与我的公司长期致力于修缮与复原一些卓越的建筑，而我作为个体始终对历史建筑保持兴趣，并且从中获得教益。但我不是艺术史学家，且非常重要的是，我没有受过诸位所在之领域，也就是在座各位所代表的，所要求的那种具体而复杂的训练。

但我将继续干下去——相信作为门外汉，我能在平凡、天真和离谱的极端中闯出一条路。

我试图通过关注同我的执业建筑师身份相关的一个问题来做到这一点，这个问题不仅适用于作为整体的建筑，还适用于修缮与复原领域。

我的观点是：在此背景之下，引用大卫·德·隆（David De Long）的优雅定义，建筑师应努力"发生变化以回应历史环境"——他要将他在项目、工程、规范方面的知识和经验与他对现有建筑的历史和美学肌理相匹配。

现在我们都知道，这个过程在建筑中至少有两个显著的特点：①尽管德·隆的定义很简洁，但它是极其复杂的；②它包含了许多专家——协同工作。

很久以前，我写了一本书，叫《建筑的复杂性与矛盾性》。我在书中分析了现代经验对建筑形式的影响——现代经验包含着我所定义的复杂性与矛盾性，最终使丰富高于简单，使张力高于统一。换句话说，倡导一种手法主义的艺术方法，承认模棱两可是意义的重要方面。当时，我很少意识到现代经验的复杂性与矛盾性会对建筑的过程与形式都产生影响。

这源于诸多专家协同工作的需求，每个人在即将到来的复杂整体中都有自己的关注点，这涉及两种专家：顾问与官员——那些以专业或技术能力为基础在其领域内工作之人以及那些在政府机构工作以确保符合法规之人。

当你把修缮、复原以及建筑决定因素结合起来的时候，这种现象带来的挑战是混杂的。

源于现代经验，建筑中出现了形式与审美的复杂性与矛盾性，与之相伴，我们的时代已经发展出独特的心理态度——憎恶冒险。这也许是我们从"唯我世代"（Me Generation）向"为何是我世代"（Why-Me？Generation）演变的一种表现。这种"掩盖你的屁股"（Cover Your Ass）的趋势，与我们的时代中政府监管领域的显著增长同步，而这是通过扩充法规条例与增设设计审查委员会（尽管这种官僚机构的增长据说是为了填补空缺——这是因为过去十年中为规划与住房机构提供的联邦和州立基金不断减少）来实现的。

这些趋势也促使我们在工作中要遵守法规——保护自己以规避法律风险——这样，律师、顾问与官员便以全新而重要的方式进入这个过程。一些中小型建筑事务所聘任了律师。下一步就该聘任内部的保险代理人了。

而这种风险最小化和规则最大化的精神延伸到了建筑美学——这在当地

设计审查委员会与城市设计法规的激增中表现得很明显。在这种情况下，我们只能说：感谢上帝，在过去，在中世纪与文艺复兴时期的意大利城市，甚至在弗兰克·劳埃德·赖特时代的橡树公园，都没有类似的委员会和法规。或许比我们的城市设计改良家的影响更糟糕的是对宪法第一修正案（First Amendment）的影响——比许多乏味僵化的法规更糟糕的是设计审查委员会的自由裁量权，它倾向于提倡由人治而非法治的专断形式。

但请允许我即刻强调：我认可当今的设计过程中复杂性与矛盾性的有效体现——正如我在建筑的美学维度方面所做的那样。明确地说，我赞成履行关于使用者安全、消防安全、残障人士住房的专业责任与政府制度——正如我支持社会与生态方面的规则。这些合理的法规对任何复杂、现代、文明的社会来说都至关重要，我们应积极而热心地遵守。

此外，除了这些具体的责任，还有一项积极的挑战，那便是直面复杂问题并利用专业化提供的机遇以实现高超与丰富。

我们应该抵制的是以忽略整体为代价只专注于自身领域——维护自己的特殊领域不受其他专家的"攻击"——漠视对整体的感受以及对创作过程中付出和回报的理解。

在我们作为专家、专业人员或官员的不同角色中，我们应理解我们是在更大的背景下工作的。通过这种方式，我们的工作才能真正具有创造性而非战略性。战略（strategy）是精神的敌人，也是苦役的推动者。

以下是我和我的事务所当前所经历的一些关于狂热专业化或官僚主义干涉的实例，鼓励了以牺牲创造力为代价的战略规划：

西北某城当地的城市设计法规强制规定，我们设计的大楼前必须要有一个广场——显然是为了审美的舒适，并且这个广场总面积的23%必须为景观绿化。

难道这意味着没有广场的佛罗伦萨鲁切拉宫（Palazzo Rucellai），或者没有一片草叶的威尼斯圣马可广场（Piazza San Marco）必须放到绘图板上重新设计？

在同一个城市，为了行人的审美舒适，建筑的沿街立面中必须有18%为玻璃窗——此处，建筑的内部方案承受了相当大的压力，且部分违背了该市的抗震规范要求。

假如这样的规范存在于17或18世纪的伦敦，并对克里斯托弗·雷恩（Christopher Wren）、尼古拉斯·霍克斯莫尔（Nicholas Hawksmoor）与托马斯·亚彻（Thomas Archer）所设计之教堂的粗琢基座产生了相应的影响，结果会如何呢？一座城市需要自然的多样性，因为它是通过调和外部与内部需求而演变的，你不能用立法来规定舒适——更不用说用立法来规定艺术！无论是意识形态，还是过于简化的法规，这两者都不能满足一座城市的运转与美观在务实与理想方面的需求。

阶梯又是怎样的呢？

如今几乎所有大型阶梯的侧缘不仅要有适当的扶手，而且是一系列的扶手，大约每隔8英尺（约2.44米）就要设置一个横跨阶梯的宽度。这让人想起圈着牛群的牲畜围栏里的迷宫或是曼哈顿的地铁入口。想想这个需求会如何影响帕特农神庙周围的台阶。

此外，现今大多数阶梯扶手栏杆的竖直支柱都非常紧密，形同暴力患者病房窗户上的格栅。如此，我想幼童的脑袋就不会卡在栏杆之间了。

我们正在设计一座博物馆，馆长建议画廊墙壁的表面要完全基于光反射的科学标准，而不用考虑建筑的象征内涵，也不用在设计历史展品的背景时考虑内在的关联元素。

至于另一座博物馆，我们已经为了调和与城市机构的分歧而谈判数月，他们觉得建筑后部立面的砖块吸附灰尘的速度不够快：采用铜锈（patina）而获得精致，如何？

再以南塔克特（Nantucket）及其臭名昭著的监护者——历史审查委员会（Historical Review Board）为例——以其奇特的视角让这座美丽的小镇变得珍贵。关于南塔克特的问题是：你赞赏它是因其统一性还是多样性？

如果你问南塔克特的美丽与活力是因其一致性还是矛盾性，我会选择后者。

这座历史小镇的建筑美学大多基于成套的规则——颇有条理的乔治式（Georgian）与希腊复兴式（Greek Revival）语汇中的比例、细节与符号。但其本质源于这些范围内发挥作用的多样性，时常源于违反规则，并非出于无知，有时是出于好玩，一方面总是源于对整体的深刻但简洁的理解，另一方面源于环境的要求——最终创造出活力与张力，使那个地方成为一片乐土。

据说，目前纽约市残疾人住房的强制要求使公寓楼的建造成本增加了5%~8%。与此同时，3000个家庭，其中许多家庭有孩子，仍然住在肮脏的旅馆里，每月平均花费1300美元。纵观全局，皆是如此。

这是非常讽刺的：我们在日常生活中关心零风险的环境，而我们所有人却前所未有地生活在即刻与完全毁灭的威胁之下——在核武库空前增加与核能大屠杀威胁的时代。然而，我们之中又有多少人在为裁军与和平而努力，却在罗马可能被焚毁之时进行摆弄和调控？

最后，让我们在我们的艺术与我们的方法上保持宽容：不要成为纯粹主义者，而是在这个词的两种意思上都保持觉知——为了整体的利益而协同努力。

在一位爱发牢骚的老建筑师的这些絮叨中——絮叨中包含了冒昧的建议——最后，我只想呼吁各位面对协同工作中的问题，并且强调创造高于策略的主张，换句话说，让我们尝试在工作中少一些痛苦，多一些狂喜。

在结尾之处，我必须带给大家一条真正积极的消息，是关于我们现在正在进行的三个项目，分别是与肖特（Short）、福特（Ford）、康妮·格里夫（Connie Greiff）进行的历史遗产研究，与罗伯特·内利（Robert Neiley）在波士顿的项目以及与克里欧集团（The Clio Group）的乔治·托马斯（George Thomas）和玛丽安娜·托马斯（Marianna Thomas）的项目。上面列举的挫折都不适用于与他们合作，而是相互理解而又令人兴奋的建设性对话丰富了这个过程。

当我和基斯特与胡德公司（Keast and Hood）的尼克·詹诺普洛斯（Nicholas Gianopulos）一起从事保护项目的工作时，我给了他一个同行能够给予的最高赞美：当尼克说不，你不能这么做时，我完全相信他。

宾夕法尼亚大学的保护竞赛：
一种情绪化的回应

写于1993年。

　　噢，对于都市生活复杂性的敏感和熟稔——对于历史性的连续与革命性的增长之间、历史性的参照与日常性的实用之间、如画的怪诞与日常的天赋之间的创造性平衡——最后，哦，对于适应城市环境必不可少的活动来说，那不是历史性的场景，也永远不会完结。这种务实的请求只适用于极少数例外——比如圣马可广场等标志性建筑群或宾夕法尼亚大学生动而富有象征意味的学院大厅。让我们通过增强现实而不是铭记情感来获得可靠的品质。

　　噢，需要些勇气来面对现在的现实和过去的辉煌——不是怀以天真而乖戾的虔诚，而是运用简单的活力！不走小路，走大道，怎么样——这条道路承认复杂性所具有的创造性之丰富，而不是简单性的极端意识形态。噢，需要些老练世故来理解城市动力学的复杂性——因为当好东西变得简单，它就会变得专制，当好东西变得专制，它就会变坏。而当好东西变坏时，就要小心。

　　此次爆发是宾夕法尼亚大学部分社群的持续干扰引起的，这涉及我们为先进科学和技术研究所设计的新实验室大楼，它将取代位于校园科学区域的史密斯厅（Smith Hall），并改变街对面弗内斯图书馆（Furness Library）的建筑环境。这一反对立场主张将史密斯大厅神圣化，宣告它拥有所谓的历史与审美意义，尽管这真的只像杰西潘尼百货公司（J. C. Penney）的一双旧袜子般值得怀念，既没有体现真正的建筑通用范例应有的温文尔雅或正当有效，也没有表达原创杰作应具备的力量。这座平淡无奇的校园建筑唯一令人惊讶的地方在于它与街上由同一位建筑师设计的商业牙科用品大楼如出一辙——还有它的落后平庸，如同后拉斯金式、后弗内斯式、后理查森式、德国新古典式的粪团，这些风格出现在1830年前后——尽管它是在1890年左右被设计出来的！所以，这是一座过时而令人生厌的建筑，且有一段捏造的历史——那些声称在里面发生过的具有历史意义之事受到了客观历史学家的激烈反驳；如果你足够用心，你会发现在西费城的任何一栋老式联排房屋里都发生了一些重要的事情——要不说说我们这个地区的民族在摄政街上第一次庆祝意大利人与波兰人的婚礼怎么样？为什么不极力拯救拉斯韦加斯的沙丘酒店（Dunes Hotel）与标牌——它的重要性、历史与美学意义都远远超过了史密斯大厅！

至于史密斯小道（Smith Walk）的不可侵犯性，它作为一条神圣的路径在历史、美学与象征意义上都与泛雅典学院之路（Pan-Athenaic Way）相对应——实际上，这条小道将在新的场地设计中得到强调，作为新建筑设计的一部分，将焦点调整至弗内斯建筑的拱顶之上，而不是像现在那样聚焦于立面上一个不确定的点。这一轻微的调整提高了行人在穿越第34街交叉路口时的安全性。但其中最重要的问题涉及调整后的史密斯小道与校园整体的关系。总体规划中的新设计是至关重要的，因为它提升了宾大现行的主要行人循环路线的地位与连续性，并且衔接了校园西端的槐树小道（Locust Walk），预计校园东端会有重大活动发生，正如现在所发展的那样。校园内这一强化元素需要沿路活动的支撑而不是神圣性。现在，史密斯小道在接近弗内斯图书馆处显得很笨拙：通过我们的方案，史密斯小道将在接近弗内斯时变得赏心悦目——而这一切的发生都不会触及史密斯院长雕像的轴向方位。

我可以自信而非自负地说：我是一名建筑师，我以作家与实践者的角色，毕生致力于体认空间、象征与历史背景。1950年在普林斯顿大学美术专业硕士毕业论文中，正是我始创了建筑规划中的语境（context）这一概念，并首次使用了这个词——这个词在我们这个时代被普遍使用——在历史被当作城市背景的时候，而正统现代主义则坦然地成为"主流"，若不是出于报复的话，这对于我们的时代中对美学和历史一无所知的人是很难回想或理解的。这篇论文（其包含的设计任务是为圣公会学院设计的一座新教堂）基于格式塔心理学派的原则，即语境是意义的感知基础，语境的变化会影响意义的变化。

在这篇硕士论文的第二原则的基础上，我们证明了IAST建筑作为背景的积极影响——作为背景、空间、形式与象征——在宾夕法尼亚大学校园的这部分建筑群中，尤其是对弗内斯大楼而言。

新建筑凭借其立面促发了一种有节奏的构成，创造了适合大肆炫耀的场景，这是弗内斯建筑的本质。新建筑凭借其在史密斯小道末端的空间表现，增加了形式上的多样性与张力——此外，通过实现一个持续发展之地的活力，从而避免了美学的正确性和枯燥的严正性。同时，这也体现了我们对建筑的功能和社会维度的调整，进而为这个科学区域和学术社区增添了活力。

虔诚的保护主义者们，请记住：建筑不是雕塑——你可以从内到外，也可以从外到内进行设计。老的并不代表卓越，新的并不代表拙劣。卓越也是可能出现的。

让我们提防伪善的无知者们——保护小队中的狡猾成员；意识形态狂热者，他们推崇建筑恋尸癖；热衷于传播自己观点的历史学家，他们虔诚的作风与恶劣的举止相一致；过于权威的官僚和伪善的社群呆子；不专业的建筑师（他们声称我们的愿景蛊惑大众，我们的设计讨厌透顶）；没文化的学者被终身教职搞得麻木不仁。他们有时间惹麻烦而不是讲道理，最终却把保护变成了一种怪癖，以保护的名义阻断了历史的发展。记住：在佛罗伦萨这样的城市里，每件你所崇敬的文艺复兴杰作都取代了哥特式或罗马式结构。

你认为斯特罗齐宫以前是个停车场吗［诚然：罗伯特·文丘里不是贝内代托·达·迈亚诺（Benedetto da Maiano），但抱怨的建筑师也并非弗吉尼亚学校董事会协会（VSBA）］？将取代而非扩张作为城市发展的功能，对美国的无知者们来说是前所未闻的，但它代表了我们文化遗产中的一个主导传统。用现实、活力与张力来代替意识形态、完美与腐朽，如何！

还有那些你对他们的兴趣和工作嗤之以鼻的科学家们——他们正致力于重要工作而非自命不凡的捣乱，他们承认现实、显示创造力、缔造历史，他们现在需要在特殊且能给予支持的环境中有效地集中精力，并在便捷的学术社区中进行交流，如何？

让我们从内到外并从外到内地进行设计！让我们调和宾大工作者们即时且至关重要的需求，从而适应社区与情感。让我们不要为一个雕塑般的场面搭建平台。让我们在一个持续发展的社区中工作——不是一个历史街区，而是一个不断发展的校园；不要让怀旧情绪淹没现实存在。让我们记住约翰·萨默森（John Summerson）的告诫：保护的"最佳形式（是）一个文明的标志……（这）具体而言，无论何时何地，只要人类的成就达到崇高的水平，我们都有能力拥抱它……然而，（保护）的主题是深奥而微妙的，容易受到愚昧、虚伪及最丑恶的多愁善感与彻头彻尾的蓄意阻挠的影响。在最糟糕的情况下，保护可能是一种遭人埋怨的摸索，拒绝理解事物的生命形态或拒绝赋予事物以形态。"①

---

① 参见：Heavenly Mansions. New York: W. W. Norton, 1963.

为宾夕法尼亚大学美术学院学报《经由》撰写的系列回应

这些回应作为对下列地方的观点，是为《经由》（*Via*）第12期"同步城市"（Simultaneous Cities）所写，该期刊由拉夫·马尔德罗（Ralph Muldrow）与帕特里克·麦克多诺（Patrick McDonough）编辑，于1996年1月发表。

锡赛德：我们在冬天看到它时感觉很好，但我希望在夏天车水马龙的时候也是不错的。

芝加哥：整座城市像一座精美考究而又惹人喜爱的建筑博物馆，囊括了沙利文、理查德森、芝加哥学派、赖特、密斯与泰格曼（Tigerman）的建筑作品——芝加哥将会成为美国的佛罗伦萨吗？

广亩城市：一位强势的天才通过其母题，以个人主义与民主的名义，将形式与文化上的一致性强加于单一阶级。楼房、车辆，可能连壁炉柴架与女士服装都被统一了。讽刺的是，这一设计在文化与形式上的普适性与光辉城市（Ville Radieuse）如出一辙！——乏味的不相关的事物，除非称之为带有亭台的英国罗曼蒂克式公园，或是莱维敦（Levittown）的先例。

费城：统一性与多样性，一致性与不一致，秩序性与无秩序，和谐性与不和谐，平等主义与等级制度。这种原型的格状规划，能涵盖大量个人主义的建筑，因为它倡导一种平等主义的系统，在该系统中建筑物之间的等级源于它们的内在品质而非特殊方位。因此，这一辉煌的原型城市是开放的，从未建成，始终是其本身的一块碎片。

弗吉尼亚州勒斯顿：草坪绵延不绝。

光辉城市：这是个好主意，如此一来，板楼之间的公园就不再是停车场，建筑形式就不再排斥底层的商铺，高层公寓系统——最初是为大陆社会主义无产阶级创造的，而最终被中产阶级纳入名下——并非由美国建筑精英强加给在文化上对立的美国底层阶级的公共住房。

东京：当下的城市——不是在施加普适的一致性，而是在调和多元文化——将残余的农村、全球性的综合体、巨大的电子标牌并置——旧的和新的——有着活力（verve）、智慧（esprit）、生活乐趣（joie de vivre）与冲劲（élan）。

拉斯韦加斯：这座标志之城，正在喷涌着尽管粗俗但有活力的图像——令人生畏（terribilità）而近乎可怕（orribilità）。

洛杉矶：自动化之城。

佛罗伦萨：当你漫步城中，会发觉一切皆以人为尺度，极尽高雅——尽管它回避了汽车与小轮摩托车（Vespas）。

罗马：永恒之城——不是因为其永远一致的形式，而是因为其永远一致的关联性。

玫瑰谷：在和缓的社会环境中，自然与艺术轻柔地融为一体。

莱维敦：它相当于为平民设计的广亩城市，随着时间的推移，通过住宅装饰、草坪上的雕塑与可变车库，这座城市已然巨变。

华盛顿特区：其城市规划匠心独运，将无等级的、平等的、开放的格状平面并置于具有等级性且呈对角线的巴洛克式大街与以重要建筑物为端点的轴线的系统之上。当下，它包括了卓越的暴发户建筑（parvenu architecture），尽管是出于华盛顿美学委员会的美学管控。

拉维莱特公园：可谓18世纪晚期英式庭园的20世纪晚期版本，愚蠢至极。

拉文纳：这里可能是20世纪晚期建筑原型的源头，即早期基督教巴西利卡内部表面所闪烁着的马赛克图像的光泽——这些图像在其历史背景下具有装饰性、普适性、永恒性，并预示着附有我们时代的装饰与信息的闪烁的户外电子标牌，它们展现了多元文化且是不断变化的。

个人对当代建筑实践的态度和立场

1992年，罗伯特·文丘里和丹妮丝·斯科特·布朗为《哈佛建筑评论》（*Harvard Architectural Review*）撰写，但从未发表。

"没有一种普适的文化存在。"——以赛亚·柏林（Isaiah Berlin）

在过去的几年中，《建筑的复杂性与矛盾性》中"温和的宣言"以及《向拉斯韦加斯学习》中所表达的立场扼要地呈现了我们对当今建筑之定位的观点，这些观点已经被主流建筑和理论所接受，不过是以一种有点反常的方式被接受，忽略了与原始信息相伴的警告——假定当今许多建筑的设计者和理论家会否认所有来自这些源头的影响，反常的或积极的，或任何类似的、讽刺的，或其他的，这些源头存在于他们今天的做法和我们1960年代中期和1970年代早期的做法之间。

在接下来的一系列对立中，我们记录了一些对当前建筑方向的更具体的反应。每一对组合都表明了我们今天所处的位置与我们所不在的位置的对比。有些响应的是当前的方向（大肆炒作的现代和解构的现代），另一些响应的则是早期的方向（晚期现代或后现代）。

总体而言，通过我们在1990年代的实践方法可知，我们的建筑必须适应全球化的多元文化背景以及动态的社会、政治和经济演变。作为实践建筑师，我们觉得遗憾的是我们的国家整体精神和联邦政策中缺乏社会维度，在我们的国家建筑和我们自己的实践中也是缺乏的。

从本质上讲，我们的立场——敏感而直觉的——鼓励了各种各样的建筑，它们是通用的，对环境、形式和象征做出反应。我们的立场不鼓励流行的建筑修辞，这些修辞采取了一种天真和讽刺的普遍秩序的伪装。

它鼓励建筑作为基本的庇护所和生活背景，而不鼓励建筑作为雨中矗立的雕塑和表演的舞台布景。

对立：方法和立场

从反应和直觉中派生出一些几乎无法察觉的顺序

文脉中的通用建筑	对	作为修辞的普适建筑
塞弗厅	对	韦克斯勒中心
适应我们的时代的动态演变	对	推进我们的时代的大肆宣传的革命
适应动态演变的通用建筑	对	同假想的敌人作战的英雄式建筑
恰到好处的通用建筑，能随时而灵活地适应	对	完全匹配完美、坚固和永恒之目标的签名式建筑
适用的调节	对	理想的强加
发现司空见惯的	对	跟踪标新立异的
普通变得离奇	对	离奇变得普通
日常的乡土	对	神祇的乐园
商业的乡土和符号	对	工业的乡土和机器美学
满足日常情感之建筑	对	作为胜人一筹之手段的建筑
童叟皆喜	对	精英和内行才懂的
大众文化亦宜	对	高雅文化专享
斯卡拉蒂和U2乐队	对	斯卡拉蒂
偶然的原创	对	蓄意的原创
乡土的、熟悉的	对	稀奇古怪的
优秀的	对	原创的

普通的和常见的	对	英雄的和原创的
以平凡的主角为英雄	对	以非凡的主角为英雄
前卫当作偶然	对	前卫当作目标
真正的前卫	对	落后的前卫
真实的前卫	对	构建的前卫
迎合前卫	对	迎合资产阶级
美学张力	对	美学浮夸
源于关注现实的深层满足感	对	源于喝彩记者的廉价激动
解决实际问题的方法	对	向理想形式屈服
我们工作和生活之世界的建筑	对	建筑是晦涩难懂的图表、彩色模型以及在出版物的页面上看起来很好
这个即将杀掉那个	对	那个将成为这个
看第二眼的建筑	对	哇！建筑
审美基于艺术直觉	对	审美基于思想的提升
尽量言之有理	对	尽量给人留下深刻印象
建筑	对	意识形态
建筑被定义为坚固+日用品+愉悦	对	建筑来源于文学批评、符号学、哲学理论、心理学、对感知的奇怪想法等
理论作为建筑的支撑	对	理论作为建筑的替代
建筑作为理论的研究对象	对	建筑作为理论的受害者
建筑	对	建筑概念
凝固的音乐	对	凝固的理论
建筑作为崇高的手艺	对	建筑作为附庸风雅的理论
适用于例外情况的通用秩序	对	纯粹而简单的普适秩序

适用于日常的通用秩序	对	促进趋势的普适秩序
来自环境的多样化	对	为了多样而导致的多样性
矛盾作为有效的回应	对	矛盾作为生动的炒作
不寻常的角度作为例外	对	不寻常的角度作为母题
艺术存在于秩序的局限之中	对	利用无序产生的炒作
适应多样性	对	利用多样性
由环境调整的秩序	对	环境被掩盖
些许不和谐制造张力	对	全部的不和谐导致无聊
矛盾是例外	对	矛盾是规则
"困难的整体"	对	一个工业园区的爆炸般景象
楼板就是楼板	对	楼板是坡道
复杂性和矛盾性	对	表现主义和栩栩如生
手法主义建筑	对	无处不在的矛盾，无端的模糊性
丰富和模糊	对	一致和清晰
影响他者的城市混乱	对	受影响的建筑混乱
凝固的音乐	对	疯狂的音乐
现实主义的复杂性	对	极简主义的简单性
凌乱的生气	对	伪善的都市生活
表面式装饰	对	雕塑式连接
装饰过的庇护所	对	结构表现主义
抒情和（或）丑陋的	对	富于表现力的
受电视广告和喧闹摇滚影响而调整大肆宣传的敏感性	对	采用它
应用装饰图案	对	结构和功能表现癖
"装饰结构"	对	"构建装饰"

139

装饰过的棚屋	对	彩色的结构工业雕塑
混成作品	对	伪装的混成作品
功能和结构就是功能和结构	对	功能和结构就是装饰和抽象
装饰	对	解构
源自象征的意义	对	源自形式的表达
表现	对	抽象
各种各样的象征	对	老工厂的象征
文化多元主义	对	团结高于一切
多种秩序	对	单一秩序
品位文化的相对性和多样性	对	好品位
文化和社会的多样性	对	普适的秩序
多种全球性建筑	对	单一全球性建筑
与环境相关的适应	对	普适的强加
当地环境的暗示	对	普适性的教条
建筑既能作为环境适应场所，又能作为环境提升场所	对	建筑作为投机分子
通过类比和（或）对比来适应环境	对	只通过类比、伪善的历史主义来适应环境
建筑物作为庇护所	对	建筑物作为连接一个村庄的亭阁
城镇是一群建筑	对	城镇是一个建筑（巨型结构）
城镇是建筑群	对	建筑是一个城镇（解构主义）
电子技术	对	工程技术
电子图像学	对	工程表现主义
建筑作为基本的庇护所和生活背景	对	建筑作为连接而成的雕塑（在雨中被遗忘）和表演的舞台布景

由罗伯特·文丘里和丹妮丝·斯科特·布朗及其合伙人事务所起草的就竞争问题致若干建筑师遴选委员会的信

写于1984年。

尊敬的建筑师遴选委员会主席：

感谢您致函告知我们入围了贵会的项目候选名单。非常抱歉的是，我们必须婉拒该项目的角逐。然而，我们确实想向您详细陈明为何我们认为不能参与。

在过去十年中，客户们逐渐意识到，他们在创造新建筑的过程中所扮演的角色与建筑师同样重要。客户的角色不仅是资金提供者，或是所提供事物的最终裁决者——这一点向来都能理解——而且还需积极参与方案与设计的决策。我们自身的经验证实了这一认识。当我们与客户合作时，若他既是富有同理心的支持者与合作者，又是苛刻的任务负责人，那么我们的作品会是最令人满意的。无论衡量标准是美学上的卓越性、设施对使用者的实用性，还是交付过程的高效性，都是如此。反之，如果我们在没有使用者兼客户的情况下工作，正如偶尔发生的那样，或者与对项目兴致索然的客户合作，我们对自己的表现就不那么满意。

不幸的是，竞争过程并不允许真正的合作，它恰恰明确地排除了合作。难怪由这一过程评估的少数建筑通常都难以被评论界或使用者所接受。

针对上述意见，有人提出了颇受赞同的建议，竞争过程不应该用于选择设计，而应该用于选择设计师，从而在保留建筑师的同时舍弃成果。这个直率的建议有几处逻辑缺陷，我们认为致命的、最严重的是它没有考虑人性。人们实际上是在向设计师提议，让他（她）扔掉花费数周的——通常是好几个月的——极度紧张的劳动成果，从头开始。然而，丢弃历经痛苦才获得的建筑包袱并非易事，而这酿成了一段失败的关系，以不尽如人意的项目而告终。这是因为建筑师在客户阐述问题之前就已经得出了答案。附带说一句，我们不应该认为创造建筑是线性的过程——方案制定、设计、文献考据、施工。设计影响方案，正如方案影响设计。如果消除这种互动，问题可能永远赶不上答案。

竞争过程中还有一个基本问题——经济与人力的问题。达到并提出针对某一设计问题的解决方案需要非同寻常的投入。即使在极小规模的竞争中，我们也看到了津贴的提供与竞争的成本存在合理的关系。对于这种规模的项目，津贴通常在1万至2万美元之间。准备参赛作品的费用——如果全身心投入且有机会获得成功——将远超4万美元。差额将按不同比例出自建筑师与他（她）的付费客户的口袋。很难认为这是公平的，即使建筑师们热切地同意这种做法。付费客户通过直接选择建筑师以表明对他的信任，他们并不对这个问题进行投票。假设所有的竞争者都因他们的工作而得到了充分的补偿——大多数项目并没有如此充裕的资金支持，可以用于遴选而不影响项目竣工后的性能或质量。在这个过程中，人力成本也不低。我们将自己的灵魂倾注到我们的工作中——我们的同事也是如此。我们的工作是一份职业，也是一门艺术，人们在这个过程中会习惯于失望。但当你的劳动成果被拒绝时、你的梦想仍未铸就时，你总会感到生命逝去一点了。

我们所有人都完全理解客户在承诺购买之前就想看到成品的强烈愿望。我们购买现成的西装就是出于这个原因。但是，设计好的建筑不是订制好的西装，我们认为屈服于这种愿望在一定程度上放弃了责任。为了创造一个设计，建筑师必须经历自我教育与发展的过程。我们经常为我们创造的设计感到惊喜。很好理解，这存在于艺术的本质之中。客户也应该感到惊喜。但是，若客户没有经历过设计发展的过程，他（她）可能会拒绝令其惊讶的事物，并且放弃创新。

这并不意味着我们反对一切竞争。我们也曾参与并赢得过一些竞争——尽管获奖的项目中只有一个建成了。公开竞争的好处是能让新秀展露才华，这一点为人熟知，而且通常都无伤大雅，因为很少有竞争赢家的作品能建成。但目前对有限竞争的热情日益高涨，我们明白这是有害的——违背客户和建筑师的最佳利益。我们从这个角度看待这个问题，因而认为有必要拒绝参与。作为行业中有时被认可的领导者，我们不能逃避这一责任。

我们为错失贵项目带来的良机深表遗憾。

就竞争答复《建筑实录》的编辑
查尔斯·霍伊特

此文回答了霍伊特（Charles K. Hoyt）向几家建筑公司提出的对竞争所持态度的问题。写于1992年。

你会聘请一个在病人尚未作检查和化验时就开处方的医生吗？

难道潜在客户没有意识到竭尽了精力与财力而得到工作的建筑师必须从工作中抽身出来吗？优秀的建筑师会将他们所有的经费用于让设计更好、性能更流畅；他们不应将资金留给肆意炒作的市场营销。

没有与客户签订合同（意思是没有同客户联系）的职业建筑师制作的是产品而非艺术。建筑源于客户与职业建筑师的合作——优秀的建筑产生于同使用者的合作，而不是使用者的喝彩。

一个优秀的销售员必定是个差劲的艺术家。

由于我们这个时代的工作程序十分复杂，项目经理通常是合理的需要，但到最后通常会成为敌对方而非辅助者：他们的兴趣在于让建筑师看起来糟糕，这样使他们看起来不错。最糟糕的事是他们削弱了建筑师与客户之间的沟通与信任，因此建筑师的专业角色也被削弱，建筑受到损害。

建筑师压倒一切：在1990年代成为一名建筑师的必备素质——主要针对我自己的一篇谦逊的长篇大论

建筑师是商人、推销员、律师、精神病学家、演员、顾问兼调解员、实用主义者、理想主义者和受虐狂——然后是专业人士和设计师

这篇文章是作者于1991年5月在华盛顿举行的美国建筑师协会年会上发表的。此后，他在其他论坛上不断表达这些观点。

1. 商业营销技巧和企业家—学者的付出，致力于编写一本百科全书式的大部头书，同时推广一种非凡的艺术哲学和一个堪比哈佛工商管理硕士的组织结构图——这叫提案，是对美国注册财务策划师（R.F.P.）的回应，美国注册财务策划师比托马斯·杰斐逊的《独立宣言》要长得多，由官员组成的委员会为他们的存在辩护，律师为他们的收费辩护。与此同时，在所谓的面试中排练你的表演，将你的员工视作剧中角色，同时将你的精力从你和你的员工所致力的办公室工作中转移出来，将时间消耗于为那些曾经为你提供服务费的客户做设计。

2. 如果你不够幸运，没能进入所谓的候选名单（包括许多竞争公司），你发挥了广告撰写者的技能，减轻了上述书籍的冗赘，使之成为简短的话语片段，配上一系列壮观的建筑幻灯片，以歪斜的角度拍摄，采用怪异的灯光效果，与电视广告的炫酷相媲美，会给卡夫卡式评选委员会留下深刻印象，他们知道这一切用到建筑上是什么效果；但最重要的是，你散发出一种偶像的魅力，最好是一所顶尖戏剧学校的优等毕业生，能像处理演艺圈试镜那样处理这些面试；作为一个科学专业的学生去推广正确的化学知识也没什么坏处——他们还会炫耀自己的初步草图和时髦的模型，这些草图和模型与医生在检查病人之前开出的药方相类似。这就是奈保尔（V. S. Naipaul）所说的在一个人知道问题之前就知道答案。因此，鼓励的是肤浅，提倡的是意识形态，而不是艺术。我对为了得到这份工作并继续经营必须变得聪明而不是优秀感到厌倦。最终，创造力更多地用于找工作而不是做工作上——也许你会变得更有活力，因为你会成为一个永远在旅行的推销员，屈从于各种招呼和叫唤——流浪的受害者。做一个创造者和推广者是很难的。然后是被拒绝的苦恼，这种苦恼通常发生在这个痛心过程的最后。

3. 错误地引用奥斯卡·王尔德（Oscar Wilde）的话：唯一比没有得到工作更糟糕的事情就是得到了工作——以某种方式——通过取悦委员会中一个占主导地位的人，或表现得足够平庸以适应委员会的共识：你必须看起来有魅力但不叛逆，很棒但不构成威胁。然后，你可以运用一位费城律师的法律技巧来对付客户的律师提出的独一无二的1英寸厚的合同以及在谈判费用方面的一种男子汉气概的商业道德——希望这笔费用能支持精致的细部以及占比巨大的建筑办公室工作人员，目前还需包含聘请法学博士和维护公共关系的支出，与客户的律师进行谈判，抵制降低建筑师的酬金，导致设计标准降低或最终破产，在耗尽建筑师的精力，剥夺工作的乐趣时——努力工作，付出代价。作为一名教育者，你经常需要让客户委员会了解每平方英尺的预期成本，以符合1950年代极简主义阁楼建筑的建设成本，而不是委员会同时预期的那个十年的签名式建筑的建设成本。

4. 这是一种狡诈的策略，旨在确立建筑师作为客户信任之代理的专业角色，而项目经理则通过"保护"客户免受建筑师的伤害，并以牺牲建筑师的利益为代价来让自己看起来不错，从而介入这种基本关系——建筑师的工作是为了让建筑看起来更好，而项目经理的工作是为了让自己看起来更好？与此同时，有责任心的建筑师冒着疏远客户的风险，同时务实地促进客户的利益。

5. 精神病学的天才阻止建筑委员会在工作中出现官僚作风——这是通过促进客户和建筑师之间的共鸣和协作来实现的，因为建筑师最好的理念应该来自于志趣相投的客户。

6. 一名拳击场上的裁判，在无数任性的顾问之间斡旋，每个顾问都以牺牲整体为代价，要求自己的那部分设计尽善尽美——每个人的屁股上都钉着一块木板——这些顾问，作为神圣的专家，利用气场的优势来推广一种你自己在几年前发明的方法。哦！只有极少数的顾问，在他说不的时候，你可以相信他。

7. 抚慰那些固执地鼓吹有关建筑统一之天真理想的设计评论人士——那些满怀虔诚的行善者们，推动令人窒息的建筑和谐或伪善的城市设计，或是历史委员会提倡历史主义，但虔诚地阻止在他们的时代创造历史（感谢上帝，中世纪和文艺复兴时期的意大利没有歇斯底里的委员会）。或是政府机构为了证明他们的官僚主义的存在而实施法规，这些法规经常证明法律是蠢蛋，先生。形式不再服从功能：形式服从规则。也许热心的官僚机构同腐败的官僚机构一样糟糕。

8. 管理施工，同时抵制诱惑，不要在建筑师的费用内做施工经理的工作，成为一个补救专家监督并纠正不良的工艺，而不是实施良好的工艺。在你的费城律师的帮助下，远离西雅图的承包商索赔顾问，回答数以百计不必要的问题，这些问题的目的是建立一个记录，写信件来掩盖你的过失，同时支付越来越多的保险费，以保护自己免受承包商的伤害，而承包商以索赔的数量和规模来衡量他们的技能。

9. 对额外服务的审计将成为你所经历的上述困境的反常结果，从而使项目建筑师成为一名会计师。

10. 临近尾声时，在未受文化影响的建筑评论家面前，他们以渴望壮观场景而非微妙细节为代价，宣扬他们的意识形态和智慧，他们贬低你已完成的建筑作品，以提升他们作为成熟的理论家而不是雄心勃勃的记者的地位。

11. 但最终的悲剧可能是建筑师的错误出现在设计中——遗漏的设计和委托的设计——这是因为当艺术家不能具备防御性而是要拥有创造性和批判

性时，他们没有时间或内心的平静来让上帝参与细节以及评估设计的发展。这种建筑设计中的错误最终不能在模拟时修改，不能在校样中编辑，也不能在最后一刻用少量油漆去修改。这些具体的、字面上的和比喻上的错误一直困扰着建筑师，尽管他们有合理的借口，认为自己是在制定战略，而不是创造只会偷走设计时间的偏执者。如果他们一开始就不幸地得到了这份工作——痛苦正在取代狂喜。

但是，当客户最终喜欢这栋建筑并欣赏你的付出时，事情几乎是可以忍受的——这个客户独具慧眼——而你自己眼中的这栋建筑几乎没问题，就像本杰明·富兰克林（Benjamin Franklin）的格言："美并不在于完美，美在于知道如何设计，这样不完美就不重要了。"

致即将参观塞恩斯伯里侧翼的朋友

亲爱的吉姆与苏（化名）：

我相信约翰·亨特（John Hunter）已经安排好参观塞恩斯伯里侧翼的事情了；如果有任何问题，请告知我办公室的工作人员，他们可以与在日内瓦的我取得联系。

这是为了告知你们，设计中的某些事情并非我们的责任，它的存在是由于与我们的客户之间令人遗憾的关系。

1. 大厅旁的商店看起来像一个斯堪的纳维亚式的幼儿园，它是由一位商店"专家"设计的。

2. 夹层的餐厅也是如此：一位餐厅专家兼壁画师设计的。

3. 大楼梯顶部的"电梯"上方的墙面本应在砖石结构上精雕细刻粗体字，而不应在政治或外交正确的文字组合上达成一致意见。

4. 在中央画廊的尽头，本应有一个朝向蓓尔美尔街（Pall Mall）的大窗，用以发掘效果——但馆长希望在那面墙上挂一幅从远处看不清楚的大尺寸画作。

5. 底层大厅平庸乏味——缺少它所在位置需要的色彩，因为上帝想要如此——感谢上帝，我们获得了独立战争的胜利。

6. 前面的拱廊会很脏乱，因为在项目经理的建议下，客户从设计中移除了一个软管龙头，从而节省了100英镑。

7. 场所内的家具摆设杂乱无章，就像一间低矮壅塞的酒吧内部。

8. 有些做工糟透了，因为客户在监督承包商时约束了我们：客户的项目经理在信中指责我们在工作中"过度勤劳"。

9. 其他错误是我们的过失，所以我便不明说了。我想你会喜欢约翰的。

我们俩祝您一路顺风。

鲍勃·文丘里

日内瓦

1993年8月25日

附言：我忘了提起他们不让我们设计家具——他们想要一个"英国设计师"——结果却发现他并没有延续齐彭代尔（Chippendale）、亚当（Adam）、赫普怀特（Hepplewhite）、谢拉顿（Sheraton）和莫里斯（Morris）的传统。

再次附言：一年后，我听说他们已经在大楼梯顶上吊（挂）了一幅画，这就像一位花腔女高音在布鲁克林大桥上唱咏叹调。

第三次附言：我从最近的照片中看到，他们在入口前放了一个电话亭。

大厅与大道

从现在的角度考量若干年前费城交响乐大厅（Philadelphia Orchestra Hall）的建筑设计与城市设计，并通过多篇附录深入描述积极立面与消极立面设计的艰难演变。

作者为罗伯特·文丘里与丹妮丝·斯科特·布朗，写于1993—1995年。

费城的艺术大道（Avenue of the Arts）与拟建的交响乐大厅的前景正在好转。事实上，有了市长的支持与重要的捐款，这些项目的前景似乎比过去几年更有希望。然而，诡异的气氛却总围绕着大厅的设计问题，并且社会上怨声载道，说为大道规划的建筑在整体上难以企及巴黎的大型项目（les Grands Projets）。

出于这些原因，且作为设计过程之连续性的确保方式，我们建筑师需注意交响乐大厅设计的形式与风格内涵，并考虑声学的决定因素、城市的挑战以及经济与法规的约束，因为它们在起初就显著地指引了设计——还要讨论最近呼吁在艺术大道上建设大型项目所引发的问题——只有本杰明·富兰克林能够公平地对待后一事项，但我会努力。

在这个项目的工作之初，我们建议客户，既定的建设预算限制了建筑的设计，相当于蓝色牛仔裤，而不容许"盛会"（gala）一词所唤起的白领带与燕尾服。我们还补充说，我们不介意设计漂亮的牛仔裤——只是为了不让牛仔裤看起来像燕尾服。

要满足有限的预算，但又要达到美学的品质，使得这个挑战的难度骤增，因为我们意识到由顾问规定的、经客户认可的声学要求异常复杂而且造价不菲——这种声学品质好比高级定制。例如声学灵活性是通过庞大的混响室与移动部件实现的，它们的起重吨位使大厅的结构工程可以与吊桥而非与建筑相比。将该结构与宽街（Broad Street）之下的地铁震动隔绝开来的各项措施极其昂贵且难以察觉，而且从一开始就必须确认复杂的生命安全与出入口法规的约束力。诸如此类的需求在设计过程中不断增加，致使部分元素被简化了，例如大厅外部的石雕与表面装饰——在这个设计中，这些元素至关重要，它们基于近距离观赏的表面细节，而非花哨的雕塑形式，从远处看或是作为模型，显得美观。现在似乎有必要辨明并重申这个设计的固有特性，以提醒交响乐社群影响该设计的关键决定性因素。

打从项目伊始，我们建筑师就不得已却也甘愿这么做，避免华丽的形式与象征、戏剧性的建筑姿态、不必要的雕塑或结构表达、异域情调的材料、过度的装饰以及富于表现力的与先进技术的关联。相反，我们希望从大厅设计中产生特质，通过在通用而传统的元素之间建立具有张力的平衡——运用常规的材料与装饰，并承认建筑的本质是围合的艺术：这门艺术的本质是普通的，而非具有雕塑感的高级定制。打倒廉价的燕尾服！

这一立场是根据经济现实来发展美学，并从实际出发，以预算结束。它试图避免成为你不是的那种人，然后以妥协的幻想告终。但它展现了富有创造性与积极性的设计方法，这在建筑中有卓越的先例，普通而非"标志性"的建筑可能具备含蓄而非戏剧性的功能。我们努力尝试去定义一座普通的大厅，它取法于早期音乐厅的先例以及其他通用建筑的杰出原型，它们包含的范围丰富多变，如古典主义的庙宇、巴西利卡式的教堂、意大利文艺复兴宫殿、美国学院的大厅、费城的排屋与工业厂房建筑。这里的建筑将不会呈现奢靡的戏剧性姿态——新颖却矫揉造作，而是以传统品质为特色的通用设计。因此，它与我们喜爱的音乐学院（Academy of Music）[①]并无二致。新建

---

① 此处特指美国费城音乐学院，位于艺术大道。——译者注

筑采用单一的全围合形式，从内而外均由简朴的材料构成，凭借想象加以运用，熟悉的元素如立面上的窗户，它们能创造出引人入胜的韵律，而且能在室内设计出形象可感的活动。各种图案采用了传统而又稳重的材料，装饰了外表面，而且凸显了其市民尺度，以谦卑的形式营造出纪念性与亲密性。

这两座建筑的内部也如出一辙。尽管旧建筑以通用的剧院作为歌剧院而为人所知，新建筑则以通用的房间作为音乐厅，但两者都通过一连串吉祥的门廊与门厅欢迎出席者，并巧用表面的装饰与微妙的照明为艺术演出与庆典活动营造特殊的环境。不幸的是，这些特质难以从学院门廊中建筑模型的角度来理解，例如它将大厅内部描绘成煤矿爆炸后第二天的景象。

因此，在设计的第一阶段，你所拥有的并非眼看燕尾服、手握牛仔裤的预算，并非极少主义雕塑的物件或以美观的外形登上报纸的新闻姿态，而是一个初步的设计（preliminary design）——我想着重强调，是初步的设计——以便能让建筑在实际情况中适得其所且合乎美学，因为它会在接下去的几个设计阶段中发展并完善。

———————————

除了实际预算与声学要求之外，交响乐团大厅的设计必须体认环境的多种特质。这座市民建筑必须妥帖地坐落在城市环境之中——费城的宽街。费城不是巴黎：当前的风言风语支持符合艺术大道价值的大型项目，而我们必须承认与回应，因为我们的艺术大道并非巴黎的艺术大道（un Boulevard des Arts），大型项目的恢宏壮丽源于它所主导的巨大场所，或是它所终结的宽阔轴线。费城需要伟大的项目来真实地反映城市自身的文脉，并契合城市自身的秩序，即坐落在网格与街道上。

作为一个都市性的整体，我们城市的荣耀之一便是其格状平面——其规划维度的一致性与建筑维度上的混乱性紧张而又生动地并置。由威廉·佩恩（William Penn）奠基的平面代表了典型的美国城市，其城市特质与建筑层次并非源于特殊的方位，而是源于个体建筑的固有性质——由于它们坐落在网格和街道上。例如南宽街（South Broad Street）上相对较小的艺术大学（University of Arts）与音乐学院建筑群，紧挨着更高大的商业与办公塔楼，但它们借由建筑规模的特质与象征符号的意义表达了与其相关的市民性的重要价值。

美国的格状城市通过在统一的规划中并置多样的建筑来调和统一性与多样性。不同于香榭丽舍大街，我们没有给建筑强加高度限制。街上的建筑不仅在高度上小心谨慎，而且在尺寸、材料、功能与象征意义方面也十分注意：费城联盟（Union League）就位于南宽街的一栋摩天大楼对面；宾夕法尼亚美术学院与托儿所的孩子们同在北宽街（North Broad Street），音乐学院并非位于歌剧大道（Boulevard de l' Opéra）的尽头，且从理论上讲，我们市长的住宅可与某家熟食店隔街相望。我们的建筑的等级地位不是产生于它们被规定的位置，而是来自于它们固有的特征：我们的都市生活是平等而又多样的，并且我们的城市永远不会完整——它们始终是自身的一块碎片。没有一座城市性的纪念建筑会将轴线终结——我们的街道将向永恒延伸——延伸至充满无限机遇的永恒边界。碎片城市万岁！

其中也有例外。比如宽街与集市街（Market Streets）倚仗它们的中心位置与异常的宽度来暗示等级性。还有一些对角线，包括公认的巴黎式的本杰明·富兰克林公园大道（Parisian Benjamin Franklin Parkway）与通往兰卡斯特、巴尔的摩以及法兰克福等地的区域大道。费城市政厅、艺术博物馆与吉拉德学院（Girard College）因位于轴线末端而获得了恢宏的气势。但是这些生动可爱的例外无一不证明了一种规则——这就足够了（et ça suffit）[1]。

---

[1] 大约40年前，极力主张将费城巴黎化（Parisify），这与如今的境遇相似，独立厅（Independence Hall）将变为大型项目，在规模柔美和谐的城市肌理中摒弃了英美的城市文脉，使之在建筑上蒙羞，变成了可悲的巴洛克式轴线的终点，被称为独立购物中心（Independence Mall）。

在城市建筑中，文脉就是一切。我们因巴黎本身而为之倾心，但我们也因费城本身而对其情有独钟，我们不能将费城巴黎化，在英雄式场所施用大型计划所缔造的英雄式姿势。我们需要新的宾夕法尼亚院校，它们为普通场所而设，因而变得实用——富有生机的城市建筑顿时变得普通却又独特，它们引导空间且强化了街道的特质。虽然艺术大道有其特定的称号，但对费城来说，它是一条街道，一条举行盛会的街道，但也是一条主要的街道，市政厅是其端部的大型项目。费城交响乐大厅应该是宽街与艺术大道上的自豪公民，它不应企图通过否定其宝贵的文脉来实现雄伟壮丽。

最近，一些建筑综合体在费城拔地而起，它们对街道予以否定或漠然置之，以此获得宏伟的效果，进而让街道变得死气沉沉，商业也萎靡不振。让我们牢记，街道是格状城市的灵魂。

的确，许多费城人崇拜巴黎，但将巴黎作为意识形态引入，就会贬低其本质。所以，拥护多元文化主义，打倒文化殖民主义——暴发户项目的累积是迟到之先锋派的例证！所以，差异万岁，牢记差异。不要复制巴黎，而要兴盛费城。费城万岁，费城万岁！（A bas Philadelphie, long live Philadelphia!）

最后，费城不是悉尼，那座闻名于世的歌剧院如同雕塑般的象征符号，这样的设计是为了隔着海湾远眺也能看到。费城也不是洛杉矶：我们的建筑临街而坐，而非远离大街。我尊敬的同事弗兰克·盖里（Frank Gehry）根据环境恰到好处地设计了迪斯尼大厅作为噱头——英雄式的卓越姿态。它位于郊区与城市之间的环境中，能在某个空间里被远观。它是独立的雕塑元素，主导着公园，而我们的建筑是建筑元素，引导着空间——沿着街道与人行道。他的建筑拥有雕塑般的姿态，从远处看，外形美观；我们的建筑凭借其细节的品质，从近处看，也能令人赞不绝口——即使在目视的高度。我们喜欢作为汽车之城的洛杉矶，但我们仍旧将其视为兄弟之城，而不是天使之城。

费城交响乐大厅的另一个特征是它适应了照明这一元素。在悉尼与洛杉矶，大厅的形式设计在本质上是为了在白天看起来美观——它们的表面通过阳光的反射与由此产生的暗部、阴影、高光相互连贯——符合形式雕塑美学（formal-sculptural aesthetic），这个传统可以追溯到万神庙。而我们的大厅被设计成24小时建筑——正如让·拉巴蒂所说——具体而言，让建筑在夜晚与白天都能美轮美奂，因为表面在夜晚散发光线，在白天反射光线。这使得建筑可以通过内部照明开口的象征性形状与电子标牌的象征性信息来调和图像与形式。

附录一：大巴黎计划：可怕的喧嚣——关于文化殖民主义的补充说明

在建筑基金会（Foundation for Architecture）与法国文化协会（Alliance Française）的支持下，一个由法国评论家、建筑师、规划师、政治家与经济学家组成的代表团将于今年秋天在费城举办一场公共论坛，探讨"费城如何学习巴黎的经验"，并"公开分享他们关于巴黎如何用设计创造杰出的建筑并激发兴奋感的看法"。

费城建筑师大卫·斯洛维克（David Slovic）是此次论坛的发起人之一，他在1993年4月11日的《费城询问报》（Philadelphia Inquirer）上抱怨艺术大道上拟建的新建筑的设计令人失望。"它们似乎毫无生气，且缺乏规模、恢宏的气势与创造性……"在此文中，作者讨论了"我们或许能在巴黎的经验中受益良多"，并配以一幅漫画：土里土气的威廉·佩恩站在费城市政厅上向大洋对岸那温文尔雅的埃菲尔铁塔致敬。他还引用《费城询问报》的建筑评论家汤姆·海恩（Tom Hine）的话说道："艺术大道不需要'乏味'的设计，而需要一个大型项目。"这位评论家主张："一系列具有质量与水准的新建筑……与宾夕法尼亚美术学院的齐平……或是市政厅本身。"他把这些建筑称为"触目可及的地标"（instant landmarks）。难道他不知道这些建筑在其所在的时代都被鄙视吗？最近，就连路易斯·康（Louis Kahn）也提议拆除——除了塔楼以外的市政厅。

斯洛维克为蓬皮杜中心做了一个案例，他称之为"大胆的设计"，其中包含了"经过深思熟虑的差异性"（otherness）。但这座建筑可以说是20世纪最落伍的建筑之一。而在费城，这可以理解为浮夸的蓬皮杜（Pompousdou）。建筑批评分析是刁钻的，也许这位评论家不应对尚未建成的建筑如此言之凿凿。

作为建筑师和城市规划师，我们必须认识到文化机构与表演设施可以为我们城市的经济社会发展做出重要贡献，我们必须依此规划。而当推动这项规划活动并适应其所需的建筑时，我们承认美国文化，无论流行文化抑或其他，在世界范围内无处不在，勒·柯布西耶欣赏美国的城市，美国样式影响了在欧洲发起现代建筑的建筑师，这些样式被严重滥用，但也成了蓬皮杜中心的主要意象。我们不再是乡巴佬了（事实上，情况与之大相径庭：法国人现在正担心他们引入了太多的美国文化）。让我们不要再次引入我们曾经输出的东西，也不要将那些不相关且不真实的巴洛克式美学乌托邦强加给我们的前院。打消文化自卑情结！让我们依据现实的文化与都市环境为务实的费城来设计建筑。

最后，我们应该承认，就言论自由而言，艺术中进行行政干预（government-in-the-arts）的欧洲形式可能会变成喜忧参半的事情——尽管法兰西第二帝国时期，巴黎的大型项目的确出现了一些令人惊异的案例。尤其在我们这个时代制定城市规划时，赞成采用这种巴黎方式的费城支持者们应该评估可能出现的社会不平衡与费用负担，这是非常重要的。

注：作为一名费城的建筑师，我的公司有幸为法国的一座著名城市设计政府建筑，因而我经常去那里，并非以文化输入者的身份，而是以艺术家的身份——不是为了向法国人传授我们的杰出文化，而是为了在法国的杰出文

化中适应他们。捍卫有效的多元文化主义, 并打倒文化帝国主义以及文化殖民主义!

顺便说一下, 斯洛维克先生, 等你发现东京, 那座现代都市——发出惊叹吧!

附录二: 1993年11月10日于费城举行关于大巴黎计划的公共论坛以及阅读埃莉诺·史密斯·莫里斯 (Eleanor Smith Morris) 的作品后, 人们的随机反应

感谢路易十五支持建造了协和广场 (Place de la Concorde), 但在这个时代, 获得皇室赞助并不那么容易, 而且结果也不会那么好。为何? 因为我们这个时代所固有的复杂性避开了强加的统一之美。

在费城, 一个协和广场 (洛根广场) 就够了, 两个就过了。

如果法语里没有"宏伟 (grand)"一词, 那么这个形容词在英式或美式英语中就会让人感到不安: 在我们时代的语境中, 那些"宏伟"的项目不是有点自命不凡吗?

我们的城市, 就像当今任何一座美国城市一样, 几乎无法承担它的维护预算, 或者它的博物馆的预算! 此外, 我们美国人有庞大的军事预算同微不足道的城市预算在竞争。

宏伟的轴线也意味着充裕的税收。

这种对精神的渴求是为了让不同的建筑师来设计拟议中的宽街项目而设的诡计吗? 若是如此, 这是个危险的游戏, 因为授权美学精英去推广"卓越设计"——尤其是那些狂妄自大、精于世故、大胆前卫、现代主义的精英——可能会导致审美正确的平庸与 (或) 矫饰。也许有人会争辩, 难道说法国的政治精英在70年前推动了一个现代主义的过分宣扬的版本?

考虑到建筑的精神，我们必须冒着风险，将海纳百川的气度置于华而不实的作风之上！

记住，建筑领域的批评性评价是错综复杂的：今天的好东西到了明天可能就会变成烂东西，反之亦然。

将巴黎与费城的城市形态并置的做法未必正确——而将巴黎与费城的政治进程画上等号也存有疑问。巴黎是国家的首都——费城甚至不是州的首府。巴黎的资金来源于国家财政，它能够维续一项大型的政策来促进以旅游为导向的文化——然而，和费城一样，巴黎也饱受政府债务与社会危机的困扰。这种情况下，大型项目还能"让它们吃到蛋糕"吗？

请三思"文化资本……增强文化磁场"是凭借大型项目来实现的，并记住伦敦，它成了"尊重传统的分次递增调整，而不是……法国式的大型规划"的典范，并最终成为欧洲的旅游之都——当你思考我们这个时代的大城市时，不要忘记古老的实用主义[①]。

遗憾的是，大型项目没有令我备感兴奋，其"新现代性"只是将现代性回锅加热罢了——就像撒了香料的剩菜，它们毫无可取之处，反而使我厌烦。它们的确高大，但并不卓越？

为什么这些项目几乎总是从上面而不是从目视高度进行拍摄？因为它们是宏伟的雕塑，而不是市民建筑：一座城市中，结合了规模大小不一的市民建筑，以便在视觉高度观察、欣赏！

对于那些从上面看、从远处看外形美观的建筑，我已深感厌倦，它们就像一个模型，出现在董事会会议室里，或是呈现在论坛的屏幕上，或是刊印在报纸上。

大型项目通常是无聊却又荒诞的入侵吗？除了这些大型项目之外，巴黎

[①] Eleanor Smith Morris. Heritage and Culture: A Capital for the New Europe. Building a New Heritage. G. J. Ashworth, P.J. Larkham. London: Routledge, 1994.

是令人心驰神往的。我们所热爱的巴黎是一座完美统一的城市——一座雄踞于世界的城市，其极尽细致的统一性从其历史上统一的文化中发源，又与其建筑上的赞助有关，它来自专制程序——依赖于皇室、帝国（暨奥斯曼男爵）、总统赞助的政府程序，后者包括瓦莱里·吉斯卡尔·德斯坦（Valéry Giscard d'Estaing）和弗朗索瓦·密特朗（François Mitterrand）总统。

但就形式与程序而言，这种城市的统一性并不适合当下——不适用于美国城市，因为它们有着一致的格状规划用以容纳不一致的建筑平面，包括夸张的商业标识与多元种族的象征主义，它们的政治传统回避了"艺术中的行政干预"。这种城市的统一性并不适用于在全球语境中强化多元文化主义。它也不适用于作为现代都市的东京，它的生活乐趣源于残破的乡村街道、花园里小巧的神龛、高科技基础设施内的国际公司总部——这里的混乱意味着更多。

如果我说，香榭丽舍大街没什么毛病，放置几块公告牌就能治好？这和在南宽街建设大型项目又有什么区别呢？

附录三：关于费城交响乐大厅今昔优劣的深入思考

费城交响乐大厅：

- 是一个普通的交响乐厅，它在建筑形式与符号中适当地表达了目的，并非一个浮夸的英雄式、抽象的表现主义的饰品，或是一个被塑造和扭曲成夸张姿势的雕塑姿态。

- 证实了其所处的城市街道的特质并提升了街道的活力：它并不与街道的完整性相矛盾。在其特定的环境中，它引导了空间，而不是占据了空间。

- 是一个充满细节的建筑，从街道上近距离观赏它时最为美轮美奂，而不是抽象的雕塑，从远处看时像是美观的建筑模型。

- 是一个大厅——空间与象征上的房间——毫无顾忌地参照了大厅作为乐队和观众的场景与围合空间的历史先例。

- 定义了音乐充盈整个房间的景象，而不是将管弦乐队单独置于舞台之上。

- 是一件建筑艺术作品，它必须作为另一种艺术的背景，即音乐表演的背景。它不能与其他艺术形式竞争。它不应该是英雄式的、原创性的建筑景观。

- 运用了贴饰（appliqué ornament），与照明和象征主义结合，用以丰富内部空间与外部形式。记住普金（Augustus Pugin）曾说：对建筑进行装饰是合理的，但不能建造装饰。

- 虽然被设计成用于盛大的城市性集会的环境，但不能带有侵略性。即使在十年之后，你也肯定不会对它感到厌倦。

- 不是一台用于听音乐的机器。我们为声学技术欢呼，但也为建筑艺术欢呼，因为它并非简单地象征着技术。

- 不是一座只在白天看起来光鲜亮丽的建筑雕塑，而是散发光且反射光的图像性建筑。

附录四：大厅与大道

我做梦也没有想到，为了给我们设计的费城交响乐大厅辩护，我还得再写一篇附录。起初，我们需要回应评论家，他们认为我们设计得不够别致——他们想要廉价而又别致；而后，要回应当地的建筑师，他们认为我们设计得不够壮丽——他们想要巴黎那样的大型项目。现在，我们又要向新客户群证明它的合理性，对他们来说，这个设计是商业的，是庸俗的，或是其他什么的——其中的一位评论家希望我们的设计能从麦金、米德与怀特（McKim, Mead and White）所设计的第八大道上的邮局中汲取灵感，但想要走进那栋建筑就必须登上数级台阶！（其他的建议所基于的设计原则并不适合这个项目，但讽刺的是，这些建议源自罗伯特·文丘里与丹妮丝·斯科特·布朗过去的原创作品与理论！）

尽管有关工作在1989年方案设计阶段结束时被正式搁置，但这项设计始终在演变发展，因为建筑师无法停止思考。完善的工作也在进行，因为城市环境中的重要部分发生了变化，也就是说，其明确的场景不再是单调的南宽街，而是大胆的艺术大道，它的生命将在夜晚繁荣闪耀。此外，新设立的客户委员会允许减少对建筑前立面所需预算的限制，因此，费城聚友会所（Philadelphia Friends Meeting House）原先朴素而典雅的美学与图像，能够演变成颇具噱头而又有城市性的大厅，从而适合艺术大道。

在前面的附录中，我解释了这个交响乐大厅与我们这个时代的典型大厅有何不同之处——它不是由雕塑般的极少主义建筑组成的，并非旨在从远处的公园、对面的广场或海湾眺望而视，而是由一系列的表面组成，它们呼应并强化了它们所处的街道边缘，因此你从远处很难看出它是一个整体，但它确实包含了有趣的细节，可在街道上近距离地感知，或从街道上斜视。而最重要的是，它的形态并不像万神庙之后所有的建筑那样被清晰地勾勒出来，以便反射阳光，从而在白天通过对明面、暗面与阴影的感知来推导形象。它代表了一种建筑，其表面经特殊设计，能够发射并反射光线——也许就像一盏灯笼——一种同时为白天与夜晚设计的建筑——其表面能够照明，而不是被照亮。

这种建筑——坐落于密集的城市网格中，并非像达拉斯大厅那样位于市中心的边缘，或像林肯中心那样位于广场之上，或像悉尼歌剧院那样位于海湾对岸——这种特殊的建筑案例必须认识到其街道内白天的建筑密度以及当下或未来的夜晚的照明强度与电子闪光，这一点需要强化。如果艺术大道想要成功，它必须是灯光璀璨的地方。假如它不是目前中心城区夜间所展现的单调、凶恶、危险之地，我们的大厅必须在这富丽堂皇的氛围中增添活动力与生命力。如果这种建筑的来源是商业性的，那便如此吧——别忘了，当今确立的现代建筑的最初来源是乡土而工业性的（vernacular-industrial）厂房建筑；今日，阅读这份文件的首席执行官极有可能是坐在现代风格的办公大楼里，其建筑的来源是经过美化的工业性（glamorized-industrial）。因此，通过强化艺术与细节，乡土和商业元素变得恰到好处，这是个不错的先例。

另外，正如商业性的乡土艺术所告诉我们的那样，我们正在从电气技术向电子技术与图像过渡——正如20世纪初来到美国的欧洲人从工业性的乡土艺术中获得灵感那样，我们美国人前往日本，从其商业标牌中展现的电子图像中捕获灵感。

但是，与赞颂电子发光标牌的美学同样重要的是，我们必须认识到这座市民建筑在夜晚的象征与图像维度。再说一次，这座建筑与城市边缘或郊区的大厅不同，其本质较少地产生于它的抽象与（或）结构形式，而更多地来自于它的各种参考。其主要象征性元素是艺术大道上一组有韵律感的窗户集合，在夜晚与白天都很灵动，并以此暗示了带有柱子、柱头与三角楣饰的古典主义外墙的抽象轮廓——城市性建筑之标志的现代版本。这种二维结构也可以作为一个标识，一个令人难忘的、深深印入记忆的基本形象，但这个形象的比例被水平拉伸，所以当沿着街道走近这座建筑时，你斜着也能看得到。这一形象又具有模糊性，因此也极富重要性与丰富性，尤其是在白天，所以它不会被视为后现代历史主义的姿态。

由现在的立面所组成的立面骨架结构的特质加强了这一形象在美学上的模糊性：这个结构与传统现代主义的类似结构不同，因为它的构造并未遵循模块化美学中一致的节奏，其垂直与水平的组成构件在尺寸上也是如此——这就形成了复杂的交错对位的节奏，它增强了这一市民会堂之立面形象的模糊性。其填充材料并不完全是玻璃——除了对角线上在夜晚的古典主义象征三角楣饰之外，都由拱肩玻璃（spandrel glass）组成，"柱子"间的间隙也是这般。"柱子"的"柱头"是由结构内的彩色珐琅与彩绘玻璃嵌板来表现的。这些元素在白天创造出光彩夺目的效果，在晚上则加强了象征性的效果。拱肩玻璃在今日被视为"商业性"的，但明天它就会像密斯在当下所运用的"工业性"元素一样受到尊重。

将明亮的原色作为一种元素，用于建筑立面的铝制结构表面，这种做法具有重要意义——它遵循了底蕴深厚且占据主流的传统，包括古典希腊寺庙的立面、费城艺术博物馆立面的赤陶装饰以及宾夕法尼亚美术学院立面上红白砖瓦的不同组合。与之同样重要的是，在结构立面的不规则模块系统中，含有现代抽象与图像参照的结合，在白天和夜晚用多彩的矩形突出柱头，正如它所带有的一种蒙德里安式的构成，但有重要区别——它是非抽象性的参照！框架表面的鲑鱼红是一个很好的例子。结构表面所用的鲑鱼红明度较低，不会反射街道的环境光，因而在夜晚可视为黑色。我们相信孩子们会喜欢这个多彩的立面，就像我在费城长大时喜欢艺术博物馆的五彩缤纷一样。

玻璃墙在白天（或玻璃窗在夜晚）的另一个目的仅仅是创造老式的现代透明度：你可以从外面看到大厅里的活动，这有助于提升外部街道的活力。同时你也会由此意识到丰富的空间层次与水平，这是大厅内部建筑构成的一部分。

在巨大的窗户下面，另一种图像元素横跨立面——一个由不锈钢制成的浮动的乐谱构成的门楣。市民与宗教建筑上的象征符号传统在古埃及和古罗马的神庙以及所有形式的古典建筑中都有体现——巴黎歌剧院的立面充斥着数十种雕像、浮雕、奖章、半身像与图形。费城有两座备受喜爱的特色建筑，一座是顶着巨大雕像的市政厅，另一座是顶着商业尺寸图形的费城储蓄基金会大厦（PSFS）。我们的图形装饰非常大，以认可交响乐团在世界上的重要性、艺术大道的市民尺度、我们这个时代炒作的美学敏感度以及这座建筑所处的特殊环境。

在正立面的底层，即在视觉与人行道的水平，我们运用了另一个元素，借由闪光和细节来创造趣味，并适应另一个层次的沟通——交流具体信息。在当下与不久的将来，可能有各种媒介能够通过背光与（或）LED像素有关的图像，发出闪光，产出信息——关于乐团及其频繁的录音活动和（或）大道上其他机构的节目与新闻（应当注意的是，这部分设计中的信息标牌可能是由与乐团签约的录音公司出资并维护的）。这个楣饰的位置较低，位于视线的高度，应该绕着拐角延伸，用来装饰斯普鲁斯街（Spruce Street）原本朴素的立面。顺便请记住，从一座庞大的文化建筑物旁走过会是多么无聊透顶，因为它太过神气十足以至于没什么趣味！

恐怕现在的批评家们还不知道费城中心城区的这个地方将发生什么，谁将来到这里。我们的立面能够适应并增强艺术大道的环境，服务于所有组成我们城市的人，他们将成为交响乐团的观众与支持者——运用我们这个时代的艺术方式，他们可以获得市民的尊严。请记住这一点，巴黎的歌剧大道无论有多么富丽堂皇，那里的人行道旁也开满了咖啡馆和小商店，使大道充满活力，并结合巨大的城市性文化维度，作为歌剧院的城市前景。因此，费城的艺术大道也必须成为主要街道，将文化与商业活动囊括其中。

然后便是安全性：在艺术大道的人行道层面，没有明亮的商店橱窗或咖啡馆的地方，必须有其他元素来创造照明与乐趣，以此在夜晚提供安全与便利。

为一座在鳞次栉比的城市肌理中利用图像学的、恰到好处的、24小时运转的建筑欢呼吧。

朝向当今的布景建筑：有着普通—非凡标志的通用形式——描述日光的切里福瑞度假中心项目

罗伯特·文丘里和丹妮丝·斯科特·布朗撰写，翻译成日语后于1995年2月发表在《世界》（*Sekai*）上，第290–300页。

1. 向东京、京都和日光学习

我们在《两个天真的人儿在日本》（Two Naifs in Japan）中解释了我们是如何接受日本艺术、建筑和规划的伟大精神的，对京都的禅宗寺庙、神社以及日光的佛教圣地、寺庙满怀喜爱，并从中获得教益。京都的寺庙极其简朴，内部有和服，外部有市场，还有现代东京复杂的秩序，村庄的神社和全球性公司的总部相会，电子商业图形创造了一种可以与拉文纳的宗教马赛克媲美的图像。我们的视野里包含了当下日常的奇迹以及过去艺术的奇迹。

基于我们自己的决定，也可能是源于我们的运气，我们在职业生涯的后期访问了日本，但那时或许才是我们做好了最充分的准备去学习日本复杂经验的时候。我们推迟来日本是因为历史上的现代建筑师将京都真正令人崇敬的建筑描述成极其简单和本质上是排他的。我们永远不会忘记在京都的第一天——1990年2月28日，我们将永远赞颂这一天——当我们在不纯净的环境中看到京都的纯净圣地时的震惊。突然间，花园象征着一个复杂、整体的自然世界，并超越了市场和城市，其美学和技术的复杂性包括感官和抒情的维度，蚀刻在它们的颜色、图案和规模之中。从传统木刻的角度来看，我们也可以想象出一个覆盖在寺庙、花园和市场上的人类环境，人们穿着五颜六

166

色、图案各异的和服穿行其间。因此，作为日本艺术和建筑的典范，京都变成了花园和街道上的神社，到处都是穿着和服的人物——简单的神社，通过复杂环境的并置而变得崇高。但是神社的纯粹秩序也充满了变化和例外，所以整个悬置在秩序和解体之间的微妙界限上，成为一出充满矛盾的丰富而有张力的戏剧。

这种包罗万象的京都观，以广角镜头的视角，推崇简单与复杂，包容和谐与不和谐。正是这种对传统日本建筑和城市主义的诠释，启发了我们对当下建筑和都市生活的回应；我们可以喜爱和理解现代的东京和永恒的京都[①]。

总之，通过参观京都，我们开始理解这些寺庙，不是像布鲁诺·陶特（Bruno Taut）、沃尔特·格罗皮乌斯（Walter Gropius）或密斯·凡·德·罗（Mies van der Rohe）那样看待它们，而是将其作为一个复杂的整体的一部分——至高的部分，但这个整体确实与我们作为建筑师的当前需求和兴趣相关。陶特和格罗皮乌斯所作的现代主义诠释是明确的，而密斯的诠释则隐含在他的作品中。弗兰克·劳埃德·赖特（Frank Lloyd Wright）在飞往巴黎的班轮上对我的年轻建筑师朋友说："年轻人，你走错方向了。"但是，不仅仅是现代建筑师们伪善的姿态让我们远离了日本，我们也感到，在我们自己的文化、历史和艺术中，我们有足够的东西可以学习。当我们去意大利、法国和英国时也走错了方向，我们是对的，尽管赖特也是对的。

对于赖特（以及格罗皮乌斯、陶特和密斯）来说，这更容易做到。他们对日本历史艺术的兴趣很大程度上是形式的，他们可以从经过他们剪裁和编辑的寺庙内外景观中获得本质上是抽象的东西。我们从所见中得出的东西以及我们如何对其运用是更加困难的，而且充满了危险。我们也进行抽象，但

---

① 芦原义信（Yoshinobu Ashihara）的《隐藏的秩序》（*The Hidden Order*）（东京：讲谈社国际，1989）中揭示的真相对我们在这里表达的观点有重要影响。

不是从历史的京都的形式空间维度，而是通过其象征主义、代表性和图像化以及桂离宫的独立式别墅和其他被现代主义者喜爱的建筑，还有来自历史和当下的广泛的品位文化和建筑源头。

在近代和当代的历史背景下，我们利用所获教益所做的是原创的，但当我们想起古埃及和早期基督教时期的布景式巴洛克建筑（室内外）和图像式建筑时，就会觉得是传统的。与方法相对，我们的建筑的参照对象暗示了绘画的流派传统——17世纪荷兰绘画，19世纪现实主义绘画，20世纪早期的超大图像（supergraphics）构成主义建筑，20世纪美国商业艺术和路边建筑，特别是20世纪中叶的波普艺术，它对普通和传统的元素进行了改编，通过规模和语境的转换打造美学效果。

20世纪80年代末，日本的经验加速了我们思维的发展，我们完成了两个博物馆项目，考察了我们周围断续涌现的学校和建筑标签。东京、京都和日光帮助我们在当今的建筑困境中找到了自己的位置。切里福瑞项目是我们如何向日本学习的一个例子，但我们从20世纪90年代以来的所有工作都应该被视为受到了这种影响。

2．设计切里福瑞

在设计切里福瑞度假胜地时，我们的目标是一个布景式的建筑，通用的形式采用符号进行装饰，常见的平凡在美学上是非凡的。我们希望我们的解释会显得更新鲜而不是天真，因为这是受到当今日本启发的陌生人的作品。

工程方案

切里福瑞项目的方案有四个主要元素。

桥：车辆和行人。以场地入口附近的峡谷，作为一个形象标志。

酒店：容纳生活设施以及西方和日本传统设计风格的房间。设施包括：

带有温泉的公共浴室；公共大厅包含登记入住、商业和会议设施；两个餐饮空间，一个是咖啡酒吧和卡拉ok厅，另一个是公共和私人空间，既有西方情调又有传统韵味；室内网球场；还有儿童日托中心，管理用房，厨房和服务间，员工间以及室内的地下停车场。

体育建筑：包含一个大型室内游泳池、更衣室、休息室、带商业空间的画廊、干湿分离的餐饮空间和许多水疗设施。

自然景观：森林和空地可被视作建筑的环境，同时也可以看成是重要的生态遗产，小径和景观是对它们的扶持，也可在小径和景观中享受它们。

场地被划分为三个区域，A区是体育建筑，B区是酒店，C区被保留为自然栖息地。

通用设计方法

我们的方法是要接受挑战在切里福瑞创造一个幸福的建筑，将自己淹没在场地和问题中，利用审美直觉，进行深思熟虑的分析。在项目开始的时候，设计团队与客户——邮电部合作，在灿烂的阳光和宁静的薄雾中探索切里福瑞高原，参观了该地区现有的度假中心，重新访问了国家公园和日光伟大的历史神社，并与建筑团队的成员和其他人举行了广泛的讨论会议。设计最终的目标是：有良好的使用功能，保持场地的自然环境和历史背景，并能为许多不同的来访者所欣赏。

一开始我们就清楚地表明了下列目标：

自然环境：承认该场地的重要意义和无与伦比的美。创造出适合这一特定景观生态系统的自然模式和过程。促进对自然的尊重和享受。

多样性和丰富的统一性：在景观中创造多样性和丰富的统一性。包括不同的元素——形式的和象征性的，自然的和文化的——共同工作，创造一种精神，既是普适的，又是属于当今日本的。通过设计并置的元素，有些和谐，有些不和谐，以适应工作和休闲、旅游和自然的价值观和生活方式以及遗产、文化和宗教，以此来反映日本的精神，并为日本文化的活力做出贡献。

共生的二元性：认可自然界的伟大和发展进程，以及设计中的复杂性和矛盾性，通过适应以下两种不同的需求：

家庭	和/或	群体或旅行团
个人的	和/或	公共的
青年	和/或	老年
幸福的成年人	和/或	幸福的儿童

休闲	和/或	运动
放任	和/或	循规
宁静的	和/或	活跃的
悠闲	和/或	艰辛
放松	和/或	回春
被动性娱乐	和/或	主动性娱乐
水疗	和/或	体育运动
溜达	和/或	远足
安宁	和/或	卖弄
精神	和/或	身体

旺季	和/或	淡季
暂留	和/或	久居

与自然相类似	和/或	与自然相对照
自然景观	和/或	建筑
天生自然	和/或	自然调适
当前	和/或	未来
户内	和/或	户外
艳阳	和/或	**静雾**

私人	和/或	公共
本地社区	和/或	民族共同体
本地精神	和/或	普遍精神

质朴	和/或	壮丽
象征的	和/或	形式的
旧	和/或	新
传统参照	和/或	原创意象
惯例	和/或	革新
纯朴的	和/或	现代的
手艺	和/或	技术
自然材料	和/或	合成材料
木材和铜	和/或	塑料、混凝土和钢铁

我们的目标是以紧张、敏感和原创的方式来平衡这些广泛、迥异、丰富和最终共生的二元性。

生态与环境：观赏场地的自然景观，有着动态的地形和丰富的雾林，作为综合体设计的背景和灵感来源。将切里福瑞的生态环境特征视为其建筑形式的决定因素，制定策略，以确保该地的价值将得以维护和提高。从景观固有的模式和过程中，推导出景观和建筑的土地使用和设计准则，创造性地使用先进的生物技术方法处理径流积水、铺路和其他重要因素。凭借严格细致的工程手段，展示切里福瑞生态系统的重要性和质量。

文化和历史：认识历史的和公共的文化和自然环境——当地的和普遍的——包括日光作为一个功能社区，作为一个著名的宗教、历史和建筑场所。

建筑与规划：从整体和细节上设计出功能良好、外观美观的、可行的、讨人喜欢的建筑。基于阳光和视野来确定建筑的方位。采用先进的技术设备，促进舒适和允许复杂的交流形式。

我们的方法主要是澄清关于休闲和幸福建筑的现有价值，最终，作为有洞察力的艺术家，适应这些价值，有时引导它们。

我们希望创造一个可以以多种方式使用和感知的地方：让很多人高兴，包括孩子们，帮助他们放松和（或）思考、流汗和（或）炫耀——一个提倡艺术而不是意识形态的地方，一个统一性不太明显而有效矛盾可被包容的地方，一个整体可以丰富而各区域之间的范围、差异得以包容的地方。我们愿意向日光学习，热爱日光，并提升日光。

3. 设计

桥

这座桥横跨酒店入口处的峡谷。因为它垂直于收费公路，从公路上望去很显眼，所以该构筑物被设计为标识，以识别该综合体，丰富其形象。

它的形式与来自当代工程技术的钢筋混凝土结构并列，每一面都有一个装饰平面，象征着传统的日本桥梁。这些平面，其弧形包含了结构桥梁的跨度，由波纹铝板组成，其颜色在自然环境中是隐性的。

体育建筑

从道路上看，这座建筑很显眼，它是识别该建筑综合体的另一个标志。虽然大面积的玻璃表面和其通用形式的几何图案在场地起伏的田野和树叶繁茂的森林中脱颖而出，但建筑的中性色类似于夏季和冬季的自然颜色，因而它也是隐性的。平面图和剖面图上的微妙衔接和变形适应了场地的轮廓，尺度的变化和比例简单的窗户看起来谦逊而熟悉，软化了建筑的形式，调整了建筑的几何形状，有时起伏的混凝土基础对着挡土墙顶部微妙的曲线。站在这堵墙上，由混凝土格子装饰的彩色铝"花朵"构成的二维树木，营造出了沿着主立面的建筑层次，增强了建筑的有机维度。在山墙末端，传统的日本屋顶椽子将建筑与场地及其历史联系在一起。

在建筑内部，游泳池、浴室、长廊、餐厅和一个封闭的花园在空间和视觉上共同协作。虽然干湿区域是分开的，但是空间、视觉和社会的连接和联系仍然保持着，这是内部的一个主题。相互依赖是通过建筑的复杂交叉部分中固有的"流动"空间来支持的。这有助于促进一种共同的感觉，发掘活动的多样性，提高其效果，并有助于营造戏剧感。

建筑剖面——就像巴西利卡那样——营造了空间的层次。大的中央区域包含公共水池，小的横向空间供个人使用。中央空间在整体上不一致：为了适应自然场地，剖面上"下坡"，平面上"悄悄偏向左侧"。

内部结构允许自然光在白天通过天窗照射进来。光线通过跨越主要空间的蕾丝状空间框架进行调制。这些是由标准的钢元素连接而成的桁架结构。与它们相关联的装饰平面形式暗示着树叶，与空间框架相结合传达出森林空地的感觉，并以日光著名的森林为参照。往南看，"叶子"的表面是明亮的绿色，让人联想到夏天；向北望去，它们为暖黄色，暗示着秋天。在白天，

"树叶"调节自然光以创造一种气氛：在夜间，它们反射人造光并闪烁耀眼。

酒店综合体和乡村街道

酒店被设计成一系列朴素的建筑，与树木繁茂的场地肌理形成鲜明对比。在形式上，整体是复杂的、小规模的；象征意义上，它暗示着一个乡村，特别是它的走进方式引出了一条乡村街道。

很重要的一点是，你要在这个综合体内部而不是边缘开车。在入口的后面是第二条步行街，也就是酒店大堂。在这个线性空间中有餐厅、咖啡馆、会议室和商业区，沿着它是对历史、传统、当代、普通和常规的村庄元素从装饰性和象征性两方面所作的二维表达——通过垂直于"街道"轴线的彩色、抽象和程式化的标志和壁画来描绘。

"乡村街道"的布景反映了日本城市和乡村生活的传统，也是对其精神的庆祝，使酒店大堂成为成年人和儿童释放生机和欢乐的地方。其装饰和象征元素包括：

主体：　　　　　　新旧街景，街道元素和细节，乡村和城市

公共电话

邮筒

理发店红白两色旋转招牌

指示牌

横幅

自动售货机

电线、电话线和变压器

柱子上的假花束

灯笼

描绘通过:	照片、油画复制品、历史印刷品的复制品、氖管、黑白和彩色
描绘于:	垂直于街道的面板和标志
材料:	电子图形上的层压保护乙烯基
尺度:	多种多样，但都比真实的大

外部，酒店的建筑形式通过其比例巧妙地暗示了传统乡村建筑。从视线的水平角度来看，装饰元素附着于建筑象征性地暗示了传统的屋顶形式和悬挑。一些墙壁表面的附饰物图案表明暴露的木框架结构。

景观

景观设计师和生态规划师，安卓波根联合事务所，将他们的设计描述如下：

场地的环境得到仔细研究，以发现它是一个什么样的地方以及它的自然环境是如何运作的。该研究揭示出这是一个荒野，有着高耸的山脊和覆盖着丰富植被的陡峭山谷，但这个精确定位的场地并不是原始森林，因为这些树木在过去已经被砍伐了好几次。设计的目的是保护和加强生机勃勃的幼林，它们现在正在重新生长，这样，建筑最终将完全设置在成熟的天然林中，就像过去的传统村庄一样。

该场地的设计是为了突出这一自然景观之美。通往酒店的道路是一座横跨峡谷的桥，这座桥弯曲上升，以适应山坡的轮廓，并由一根中央柱子支撑，以避免对树木覆盖之斜坡的破坏。沿着蜿蜒的车道，可以看到山谷和山脉的一系列景观，在到达"村庄街道"时出现高潮，这是酒店的入口。酒店与位于场地较低部分的体育建筑相连，有一个带顶的步道，覆盖着一条直接而有戏剧性的路线，沿长长的山脊逐渐降低，在高高的人行桥上往回越过峡谷。一条更休闲和可达的小路也与建筑相连，而其他非正式的小径允许游客从不同的方面体验森林，从隐藏的岩石河床到具有瑰丽景色的高地。建造过程的一个独特之处在于，场地中挖掘出了数百棵当地的乔木和灌木，并将它们储存了起来，以便日后重新种植。所有新种植的植物将代表日光地区的植物群落。

作为整体的建筑综合体

综合体的每一座建筑在其表达上都是通用的。它的基本形式是并列的象征性姿态，一些带有微妙的暗示，另一些带有戏剧性的公平。该建筑因此结合了通用性和戏剧性。

A片区的体育建筑和B片区的酒店综合体虽然有区别，但外部元素和材料都是相似的。这些一致性促进了综合体内部的统一感。

景观设计保持了地方的自然质量，包含并衬托其建筑。

4．象征性的元素

我们希望切里福瑞的休闲建筑可表达活力和智慧，这是今天日本公共生活的一部分，同时，设计的酒店和体育建筑是有市场的，并为民众所喜爱。

明确的象征意义旨在扩大度假村对公众的吸引力，并通过扩大其范围和规模来提升其建筑。

所有的建筑在其组成中都包含象征主义元素，并唤起来自参照或联想的表达和意义。这些品质丰富了建筑的整体特征。建筑几乎不可避免地使用了一些传统的、熟悉的或历史的元素，这些元素构成了含蓄或明确的象征，即使是以功能和结构的表达为美学基础的现代建筑，也从20世纪早期的工业建筑和19世纪后期的结构工程中派生出了语汇。这些资源以暗示的方式提供了一个新技术的曙光时代的标志，在其应用中具有普遍性，并且普遍有益。

或许具有重要意义是：在20世纪初为日本设计的帝国酒店，其名字体现了当时的纯粹美学，但在20世纪末设计的酒店则象征着乡村街道——其形式和象征意义挖掘和颂扬了日本城市景象的活力、多样性和欢乐，这在我们这个时代是无与伦比的。

切里福瑞综合体的建筑以两种方式使用象征主义：首先是通过空间和形式元素，即使是抽象的，也具有暗示性——就像在酒店的侧翼中，暗示着隐于林中的村庄：所应用的格子元素，从侧面看，暗示了日本历史建筑的传统屋顶；在村庄亭子尽端立面的装饰图案中，描绘了蒙德里安作品的片段，并暗示了木架结构。

运用象征主义的第二种方式出现在酒店大堂的"乡村街道"和体育建筑的抽象装饰"树叶"中。这种象征主义是字面的和现实的。它指的不是英雄或原创的元素，而是自然或普通的元素。"普通"美学是以波普艺术为基础的，在波普艺术中，旧的和熟悉的元素通过新媒体以不同的规模，在新的环境中被描绘出来，从而获得了新的意义，实现了审美张力。

这些象征性的特质也来源于文化的融合——传统的、工艺的和现代的——在我们这个时代的日本都市生活中，乡村精神和全球精神，上层文化和下层文化以及地方文化和普适文化并存。今天的文化融合中的象征性和具象元素，在波普艺术的紧张气氛中结合起来，既熟悉又陌生。

切里福瑞象征主义的另一个艺术先例是17世纪的荷兰风俗画。福克斯（R. H. Fuchs）描述了在荷兰对于日常经验的发现和赞美以及用荷兰共和国中产阶级日常生活的现实主义插图取代贵族艺术的英雄理想化[1]。福克斯讨论了人们更多地颂扬通用的秩序而不是兴盛的传统，例证是皮特尔·德·胡

---

[1] R. H. Fuchs. Dutch Painting. London: Thames and Hudson, 1978.

格（Pieter de Hooch）、扬·斯蒂恩（Jan Steen）、弗兰斯·哈尔斯（Franz Hals）、雅各布·凡·雷斯达尔（Jacob van Ruisdel）和扬·维米尔（Jan Vermeer）的画作中对本土文化和乡土文化的表现。他们杂乱地结合了现实主义和象征主义、隐喻和表现，后来的现实主义采用了梵高和法国印象派作品的乡土来源。

一个最相关的先例是杰出的日本印刷传统，以程式化和审美的方式描绘日常生活。

象征性街道上的标牌结合了本来就非常熟悉的历史—传统和现代—传统参照。这些标牌大多被描绘成巨大的二维标志，垂直或平行于街道。它们通常被附加到柱子的阵列中。在沿街封闭的空间中，街道元素或场景的描绘采用了实体的彩色面板，同时在乙烯基层压板上使用电子图形。所有这些元素之间的动态并置可以产生丰富的混杂效果。

"街道"被玻璃屋顶覆盖，两端都有玻璃墙，因此它似乎延伸到天空下，进入到自然中。街道的边缘有悬挑出来的屋顶。随着"街道"与树林的结合，日本建筑中另一种传统的并置得到了认可——宁静而受控制的神社与丰富而混杂的市场相遇。

象征主义在建筑设计中的运用必然存在一定的难度，必须谨慎处理。象征主义、风格化和抽象的效果必须巧妙地提升整体效果，而不是相反。审美上的勇气必须与审美上的克制相平衡。

外国建筑师可能会认为这是异国情调，但在当地的观察者看来却是陈词滥调；然而，外国人可能会在熟悉的元素中看到新的奇观——在一个大肆宣传的时代，在街道和树林的交汇处，努力让艺术展现出日常生活的活力。

我们希望，在代表客户、当地建筑师、历史学家和人类学家的委员会的帮助下，我们的持续付出能够得到巧妙而复杂的效果。他们在主题、审美方式、表现、象征、风格化和抽象方面的建议将支持营造出复杂和天真、严肃和好玩的建筑，成人和儿童在当今和将来都会喜欢。

5．在日本工作

在日本丰富的传统和美丽的环境中工作，与著名的东京丸之内的建筑事务所（Marunouchi Architects of Tokyo）及其卓越而经验丰富的员工合作，是文丘里、斯科特·布朗联合公司的荣幸。

最近，我们思考了在这个时代成为建筑师的困难——不是那些从创造力中自然产生的困难，不是伴随狂喜而来的痛苦，而是那些从低效、非理性、缺乏信任或敏感性和贪婪中反常产生的困难——在这些方面，我们建筑师必须成为律师、会计师、销售人员和精神病医生，当我们努力实现我们毕生所求索的专业和艺术目标时。

在日本，在我们与客户、助理建筑师以及所有参与项目之人（包括社区办公室）的关系中，我们已经能够成为真正的建筑师。例如我们的合同很快就谈妥了，厚度远远不到2英寸。更重要的是，我们的客户——邮电部，是一个矛盾体：不是一个卡夫卡式的官僚机构，它足够精确地理解自己想要什么，并且不会在一个可容忍的规范之外改变自己的想法。负责这个客户的野村俊夫（Toshio Nonomura）要求很高，也有鉴赏力；最重要的是，他相信建筑师们推荐的非传统设计。这种信任对于实现艺术的质量是至关重要的，也促成了一种负责任的专业关系，但这需要耐心、老练以及最终的勇气，在这个不断发展的过程中，建筑师向客户学习，客户也向建筑师学习。简而言之，我们在一种理性的、沟通的过程中工作，这种过程在我们国家和其他国家都很少见。这种理解和支持可能部分来自该部长期的建设经验。

我们的助理建筑师和他们的工程师展现出了理解、支持和高效。这是一场基于相互尊重的思想和才华的真正合作。丸之内建筑事务所的主要职责是技术和管理，但他们对设计的贡献，通过首席建筑师吉高田口（Yoshitaka Taguchi）和进山际（Susumu Yamagiwa）体现出来，是至关重要的。

这是设计和记录项目新形式的一个特别令人高兴的例子，这些项目的出现与当今建筑中不断发展的全球实践有关。在过去，将项目设计与施工文档分开是相当普遍的。这种情况在大型商业公司中经常发生。但是在过去的10年里，已经发展出了两种类型的建筑实践的分离，与项目所在城市或国家的生产公司合作的设计"工作室"已经在美国和欧洲涌现。在这两者之间，设计和制作公司发展了设计和执行之间的接合方法。"工作室"可能以被记录的建筑设计师的名字命名，尽管其设计在最终建筑中出现的程度可能因公司和项目的不同而有很大差异。

我们过去没有这样做过，因为我们在自己的办公室绘制了所有建筑的设计图，包括主要的外国作品（但要将实验室建筑除外，这些建筑由专业公司设计和记录室内实验室，而我们负责选址、设计和记录它们的外部，有时包括其公共空间）。

我们在日本的经验使我们对设计和生产分离的可能性感到鼓舞，并使我们相信这可能是一种实用的工作方法——如果在各个方面都付出了足够的努力，并且生产公司与设计公司配合默契。幸运的是，在切里福瑞，这些条件已经满足，而且费用已经足够让接合工作令人放心。迄今为止，罗伯特·文丘里已经为这个项目前往日本12次。安卓波根的成员、文丘里、斯科特·布朗联合公司的工作人员以及丸之内的成员都进行过双向旅行。这使我们能够达到我们认为需要的合作水平。

在公司之间分配工作是这种类型的合作的一种常态。文丘里、斯科特·布朗联合公司负责方案设计前和方案设计阶段，并将大部分时间分配到这些阶段。在设计发展的过程中完成了移交，因为施工文件、招标和施工管理是丸之内建筑事务所的主要职责。也许，与常规不同的是，我们能够从与丸之内在早期阶段的多次会议和讨论中获得大量的信息。在设计开发过程中，当我们就日本的建筑实践寻求建议时，有一次不同寻常和令人兴奋的想法交流，交流的对象中有制造公司技术中心的首席研究人员。部分合作是通过文丘里、斯科特·布朗联合公司生成的草图，并传真给丸之内。我们经常访问两地，以审查文件的编制情况。来自这些源头的信息影响了有关材料、装饰和组装的决定，并允许及时调整，以照顾日本的文件编制和施工方法。我们感到满意的是，我们的想法得到了充分的理解，并被忠实地转变成了日本的工作图纸。整个过程感觉像是无缝的连接。丸之内和他们的工程顾问以及我们，感觉就像在一个办公室里工作。

最后也是最重要的，是朋友兼导师井筒昭雄，他的重要指导让我们了解了日本文化的多样性，包括历史的、最近的和现在的，并帮助我们理解了日本的流程。作为我们的导游和东道主，他和他的员工的仁慈，他渊博的学识，他对我们的宽容和耐心，使我们和他在一起的日子成了我们的经历中最富有和最有艺术价值的时光。

考虑到我们的设计所走过的艰难甚至危险的道路，在日本所得到的理解、支持和信任尤其令人感动。在这个过程的开始，当我们不断演变的图像方法变得明显的时候，野村敏夫说："我们必须确保我们不会以蝴蝶夫人（Madame Butterfly）结束"，立刻给了我们一个很好的比喻，并显示出他意识到了我们所用方法的危险和他对这种方法的理解。在项目接近尾声的时候，井筒昭雄说："但是我很欣赏你们所做的人性化设计。"我们担心这个项目的布景图像可能会招致批评，因为它不同于目前主流的抽象形式建筑传统。对我们来说，这是用一种平静的方式来表达最重要的事情。

69
日光的切里福瑞度假中心，日本，为邮
电部而做，与丸之内建筑师和工程师事
务所联合设计，1992

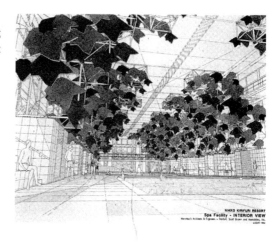

70
日光的切里福瑞度假中心，日本，为邮
电部而做，与丸之内建筑师和工程师事
务所联合设计，1992

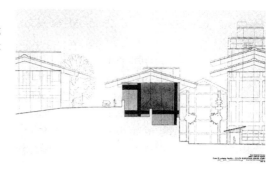

71
日光的切里福瑞度假中心，日本，为邮电部而
做，与丸之内建筑师和工程师事务所联合设计，
1992

通过照明与电子技术为哈佛大学纪念堂洛克尔·康芒斯厅创造的意象

写于1995年。

　　建筑中很难做到的是在建筑物的内部空间里创造氛围——氛围与灵动，而不是源于建筑表面反射形成的建筑内部的环境光。

　　在哈佛大学纪念堂（Memorial Hall）地下室的设计中，这种空间里的光线是一个重要元素。这座建筑本身就代表了拉斯金哥特式建筑的美国最佳范例，我们的建筑师与顾问团队正在用悬臂托梁与彩色玻璃花窗来修复大会堂——后者本身就是19世纪工艺的最佳范例，借由外部光线透过彩色玻璃来营造氛围。对于底层空间，将恢复其作为大型餐厅的原有用途——在我们的时代仅供新生使用。它将成为一处出类拔萃的机构性空间。

　　我所关注的室内部分是地下室，它需要翻新成为洛克尔·康芒斯厅——整个学术社群的核心会议场所，涵盖休息、饮食、交流等功能的灵活空间——一种非机构性的可供闲逛的场所。这个大厅的设计仅融合了极少的建筑意象，因为其建筑特质的本质并非源于表面反射的光线与清晰的细节，而是源于光源本身，在隐性的氛围中创造出灵动与亮点。

　　建筑表面与家具在色调上是中性的，在明度上是暗的，因而来自顶棚固定装置的少量环境光就不会从表面反射，而是汇集在人们身上，使他们凸显出来。

　　一个例外出现在一系列老式公告栏上，张贴着的各种告示被上方的聚光灯照亮，因此表面反射的光线也进入了贯穿空间的循环。另一个例外发生在公告栏后面的平行区域，现有的一排小而高的窗户在白天让环境光射入一系列外围壁龛当中，那里有几处卡座，用来安置那些喜欢待在外围的人。空间的另一侧排列着食品柜台，由此构成了一个平行的区域，并被上方的光线照亮。

但在这个室内，这一重要效果产生于两种光源之间活跃的相互作用：其一来自于一排平行的彩色荧光灯管，它们排列在顶棚上，装饰性地呈现出了主要循环；其二是两处电子光源。第一个是作为带状装饰的LED面板，上面带有移动的图像，放置于食品柜台的上方，你会在不经意间看到它；第二个是作为屏幕的LED板，它是循环路线的终止符号，你会特别留意到它。

这些电子元素促使灵动的图像——图形的、叙述的、抽象的与（或）象征性的——作为装饰来源，迎合了我们这个时代所炒作的美学敏感性，并作为信息来源，具有动态复杂性和多元文化性。它们作为会议场所的环境是在传统地下室的基础上顺带改造而成的——不算是附庸风雅的建筑，但总体上还算灵活——能够进一步适应这一代的垃圾审美。在这里，建筑变成了非建筑。

可否说，楼下洛克尔·康芒斯厅里像素的闪烁与楼上餐厅的彩色玻璃花窗的辉煌互相呼应——20世纪的电子技术与19世纪的历史主义工艺相遇——在这里，信息图像与传统图像相遇？

在纪念堂的地下室里，当代电子技术承接了复兴运动工艺。

补遗：图标是美妙却麻烦的元素，因为不像抽象的装饰，它们需要内容作为要素，而且讽刺的是，虽然我们所处的信息时代传达了大量的图形意象，但仍很难组织出在多元文化意义上正确的内容。然而，我们认为这种维度或媒介可以变得丰富而有效——通过改变电子标识——这对此处的场所精神至关重要。让我们回顾建筑中的市民文化图形传统——古典与中世纪时期——它在过去丰富了建筑环境，并且表现为维多利亚的浪漫主义风格，成为底层以上卓越的建筑环境。

附言：最近，我从马丁·梅尔逊（Martin Meyerson）那里得知，霍华德·艾肯（Howard Aiken）曾于"第二次世界大战"期间在纪念堂的地下室开发电子机械计算机——那么我们可以算是在这里延续了革命性的信息技术吗？

怀特霍尔渡轮码头——加上其变化……还有就怀特霍尔渡轮码头设计目前所受批评的过激回应

写于1993—1995年。

在许多评论家心中，怀特霍尔渡轮码头设计令人惊诧的元素不是基于"先进的"结构表现主义，而是基于陈旧的意象。

我们不禁想要提醒今日喧闹的评论家们，批评言论曾将矛头直指1889年前还屹立于世的埃菲尔铁塔。下面引用的这封著名信件（即使在当时也触及反美情绪）是由"三百人委员会"（一人对应铁塔1米）发表的，用于抗议这座或将成为他们城市象征的东西。签署者包括古诺（Charles François Gounod）、马斯内（Massenet）、杜马（Dumas）、普吕多姆（Prudhomme）、梅索尼埃（Meissonier）与加尼尔（Garnier）。

尊敬的爵士与同胞们：

我们这些作家、画家、雕塑家与建筑师以及热爱那未曾残损的巴黎之美的人们，倾尽我们所有的力量与愤慨，以未受赏识的法国品位为名，以受到威胁的法国艺术与历史为名，齐聚抗议在我国首都心脏地带耸立毫无用处而又庞然荒诞的埃菲尔铁塔，公众的敌意往往富有良知与正义的精神，它已经受到了"巴别塔"的考验。

在不陷入过度沙文主义的前提下，我们有权大声宣布，巴黎是世界上无与伦比的城市。在它的街道与宽阔的林荫大道旁，沿着令人赞不绝口的码头，在富丽堂皇的步行街之中，矗立着人类天赋所铸造的最崇高的纪念碑。法国之魂，无数杰作的创造者，从这形如繁花的巨石之中散发出来。意大利、德国、法兰德斯都以他们的艺术遗产为豪，但却无法匹敌我们所拥有的，巴黎吸引了世界各地的好奇与欣赏。难道我们要亵渎这一切吗？难道要将巴黎与机器制造者的怪诞而商业化的想象联系到一起，被不可挽回地玷污与羞辱吗？对于埃菲尔铁塔而言，它毫无疑问是巴黎的耻辱，而且美国商业主义本身也不想要。每个人都知道它，都议论它，都深受其害，而我们只是普遍意见的微弱回声，所以理应感到恐惧。最后，当外国人来参观我们的博览会时，他们会惊呼："什么！难道这就是法国人为了让我们感受他们备受推崇的品位而找到的怪物吗？"他们将有理由嘲笑我们，因为那个威严的哥特式巴黎，那个让·古戎（Jean Goujon）、杰曼·皮隆（Germain Pilon）、普杰（Pierre Puget）、吕德（François Rude）、安东尼–路易斯·巴里（Antoine-Louis Barye）等人共同缔造的巴黎，都将成为埃菲尔先生的巴黎。

只要理解我们公布的计划就足够了，想象一座高得荒谬的铁塔高耸于巴黎，如同工厂的黑色巨型烟囱，其粗野的体块压倒圣母院、圣礼拜堂、圣雅克塔、卢佛尔宫、恩瓦立德新教堂与凯旋门，所有备受羞辱的纪念碑，所有相形见绌的建筑，都将在这令人麻木的梦境中消失。20年后，我们将看到整座城市的拓展仍会因穿越数百年的天才智慧而震颤，并目睹可憎的镀锡薄钢板立柱的可恶黑影像墨水的污渍一般扩张[1]。

一个世纪前，对文化精英来说，夸张（outré）的元素是适时的结构性

---

① Norma Evenson. Paris: A Century of Change, 1878-1978. New Haven: Yale University Press, 1979: 32.

表达，他们认为局限于巴黎历史环境的城市纪念碑是索然无味的。一个世纪后，对文化精英（那些曼哈顿与斯塔滕岛的）来说，暴行是适时的符号意象，他们认为城市纪念碑与曼哈顿现代天际线的并置显得过时而又粗俗。

这多么讽刺啊！现如今这个自诩前卫但实为落伍的建筑，竟然提倡一种结构性的表达主义，它利用了一个世纪以前曾经辉煌过的工程形式，主张一种杂技般的意象与陈腐的修辞。后工业时代的其他人都知道工业革命名存实亡，因此我们声明：请勿再从埃菲尔铁塔美学中讽刺性地挪用那些老旧的装饰部分，并附加在我们那属于20世纪后期的建筑上！

就其设计的最终象征意义而言，难道我们的设计师试图让纽约港怀特霍尔渡轮码头等同于巴黎的埃菲尔铁塔？此时此刻，谁还能这么说呢？但确实，优秀的建筑极少在刚开始就能得到普遍喜爱，挑战在于让正确的人讨厌它。在超过30年的建筑实践中，我们的许多设计一开始也曾被嘲笑或忽视，而15年后，每个人都在效仿它们；诚然，这之中有些误解。

尤为重要的是，这里的时钟是一个标志，是时钟的再现——它并不是一个真正的机械时钟，而是一个时钟的电子化描绘，它的"指针"以LED像素为媒介，在表盘上移动，日夜闪烁。

同样重要的是，这个时钟是城市性与象征性的装饰——其巨大形制提升了其城市性的尺度，而其复古本质提升了其象征性特质。过去，时钟作为铁路站点的外部建筑设计中不可避免的一部分，其存在至少具备装饰性与功能性，因为正如可能发生的情况那样，许多即将抵达的乘客没有手表来确保时间或提醒他们。钟表在如今这样的背景中几乎没有什么功能，因为几乎人人都戴着手表。

从它的形状来看，这个时钟反映（从曼哈顿的角度来看）并产生了（从斯塔滕岛的角度来看）浮现在它后面的拱形穹顶形式。而拱顶代表了对过去的一种姿态，当时的城市基础设施建筑在规模与象征意义上具有真正的城市性。

这个拱顶内的巨型屏幕则代表了当今的技术——并为等候大厅提供了图像维度，补充了空间维度。

但重要的是要强调时钟在形式与象征上的意义——圆形的形式与矩形产生了生动的对比——那些时钟背后著名的摩天高楼与它们创造的著名天际线，构成了由水而生的背景。这一大胆对比形象地体现了天际线的本质特征，而且强化了码头本身是重要且相对较小的元素。在这里，建筑尺度的元素也发挥了作用——时钟的体积较小但尺度较大，因为它的形象与背景相互映衬，在城市的整体环境中为这座市民建筑创造了恰到好处的重要性。

所以，为什么斯塔滕岛上那些直言不讳的反对者们认为这个作为标志的时钟是乏味或压抑的，既然它如此适切地在形式与象征上补充了曼哈顿天际线，并向斯塔滕岛自治市镇致意——在曼哈顿和斯塔滕岛上看起来都不错，作为鲜明的标志，从远处便清晰可读，作为象征，其引发热议的20世纪意象呼应了港湾对面的自由女神像所代表的19世纪的大胆意象特征？

补充说明

上述项目反映了由纽约市经济发展公司（the Economic Development Corporation of New York City）主办的邀请赛的获奖设计。在该设计受到斯塔滕岛代表的公开谴责并且在1993年的选举之后，市政府要求从设计中移除这座时钟——不久之后又大幅削减了预算。因为后者的要求注定了前者的要求，所以我们更容易忍受前者。

第二个设计，除了移除旧的时钟并承认新的预算，也适应了更加复杂的项目要求——现有的地下循环与地上的行人和公共汽车循环以及全新的需求，即汽车轮渡系统。建筑物的部分被降低与简化以适应较低的预算，除了向北向上倾斜以从内部框出曼哈顿下城的直接景观南面朝向水域的立面可以无可否认地等同于电子广告牌。但是，如波浪般弯曲的栏杆轮廓使立面看起来不那么像一块广告牌，而且与矩形主导构成的城市"背景"产生了对比——因为LED电子显示屏上带有内容的移动而变换的图像——装饰性与信息性并存——其真正的现代技术可以让人们隔着港湾远眺，大胆感知。

第二个设计遇到了不同的反应。如果它的设计真正符合它的时代，不是在它的时代而是在它之后的时代建成，这会是市民建筑的命运吗？难道只有那些真正纯真质朴或是精于世故的人才能欣赏真正卓越而又新颖的事物——而这不是我们这个时代的市民艺术与建筑的喧嚣市场[①]？

最终，怀特霍尔渡轮码头设计所需的支持并非来自社会共识或政治压力，而是来自理解与勇气——这对于一座既不平庸也不造作的市民建筑来说实在难以获得。否则，共识所促发的终归只是累积的妥协，到最后没有人会喜欢。

---

① 另外四个获奖的位于曼哈顿的市民项目中，韦斯特威项目（the Westway project）由于社区压力而被取消，两个险胜，另一个惨败。

对科学工作场所建筑的思考：社区、变化和连续性

宣读于1994年5月在哈佛大学举办的"科学的建筑"会议。发表于由彼得·盖里森和艾米丽·汤普森编辑的《科学的建筑》(*The Architecture of Science*)(剑桥：麻省理工学院出版社)。

首先，我要提醒你们：作为一名实践建筑师，我谈到了建筑与科学的关系，我的概括是对日常经验的实际反应，因此，将日常经验挤进颓废建筑师的生活中——这是一种几乎没有时间进行概括的生活。我将在这里试着用普通的词语来理解实用主义的反应，在混乱的背景下用普通的词语来理解是不寻常的，你们中的一些人可能知道，对于我们这个时代的建筑师来说，他们通过措辞的晦涩来衡量他们的理论的深奥程度。

但是，如果我在日常思考中从特殊转到一般，我将尝试在这次讨论中从一般转到特殊，并在最后集中讨论我们的一些工作。因此，我相信，我尊敬的朋友和前客户阿尼·莱文(Arnie Levine)会配合紧密。

研究实验室

作为一名建筑师，我倾向于如此来谈论：将实验室建筑作为建筑，而不是建筑中的科学。在我看来，研究实验室建筑，最重要的是其通用性——在这里，我将重点关注这种建筑类型与通用建筑的相关性以及它与我们这个时代的总体相关性。我对一种通用建筑的讨论将集中在它的三个特征上：

- 灵活性元素——空间的和机械的——在室内得到提升；

- 环境和场所的意象在室内得以适应；

- 象征和装饰的元素——永久的和/或变化的——增强了外部的意象。

但在详细阐述我所定义的通用建筑的这三个灵活性要素之前，我应该简要地提到区分通用建筑的历史传统，这是一种涵盖范围广泛的传统：

1. 新英格兰磨坊：在这里你可以找到阁楼和19世纪其他工业厂房类型的建筑，灵活地适应内部功能和系统的变化（沃尔特·格罗皮乌斯的法古斯鞋楦厂，可以说是基于美国工业乡土建筑的先例，被认为是现代主义国际风格的开创性建筑，在美学象征参照和功能程序方面具有显著的普遍性）。

2. 意大利宫殿：在这里你会发现围绕着宫殿的套房——从宫廷宅邸到民用建筑——作为外交总部、博物馆等。

3. 早期的美国学院建筑：容纳教室和宿舍的建筑演变成学院或大学的行政总部——空间和象征意义，高度象征意义——如在哈佛、普林斯顿、布朗、达特茅斯、威廉和玛丽等院校那样。

所有这些通用原型都包含随时间发展而变化的可适应的/灵活的空间。这种传统还包括：

4. 传统的实验室建筑：其空间和机械的灵活性在今天特别重要，以适应内部的动态变化，变化涉及过程和技术——常见的实验室建筑，其传统可以容纳托马斯·爱迪生（Thomas Edison）最初在新泽西的各种棚屋和阁楼以及科普（Cope）和斯图尔森（Stewardson）于世纪之交在宾夕法尼亚大学建的医学院建筑，其学术因素以象征的方式体现在雅各宾式风格的外观中。

5. 一般的阁楼建筑对于今天的建筑来说有着特殊的关联——动态功能随着时间的推移而快速变化，建筑的本质不再是空间，而是图像。这一点我以后再谈。

———————

灵活性——就今天而言，形式不再遵循功能——这还不够模糊。而是：

- 形式适应功能——功能本身是变化的——因为它们是复杂和矛盾的。

- 适应而非表达功能——在科学建筑中尤其如此，在一般的建筑中也越来越相关——变化的特征更多是革命性的，而不是逐渐演变的，其范围是动态而宽泛的——空间的、程序的、感知的、技术的、图像的——在我们这个时代，功能模糊而不是功能清晰能够容纳"你的哲学中没有梦想到的事情"的可能性。

- 这些功能包含了内部的空间和机械系统以及外部的象征性和装饰性维度。

- 一般来说，工作空间在靠近窗户的边缘，以享受自然光线和景色——机械空间在中心和顶部，能够最便捷地进入。

- 建筑的规模在物质实体方面是宽裕的——以创造慷慨的氛围，同时容纳灵活带来的动态变化。

———————

环境和场所——有趣的对比

为了专注：环境

为了交流：场所

环境——如实验室——沿着窗户

场所——如节点（eddy）——走廊

环境——由于实验室位于边缘，能沐浴从窗户进来的自然光。

场所——例如壁龛、靠窗的座位漩涡——偏离流通路线，可以利用自然光作为走廊一端的吸引点和舒适设施。

环境——作为工作背景和焦点——单独或与一群同事一起。

场所——如会面的机会——偶然的会面，而不是明确的会面（学术是反常的：如果你的建筑明确地声明为互动的场所，他们可能不会使用它——关于空间的功能和性质的某种模糊性在这里可能是必要的）。

环境——或多或少是局部的。

场所——作为整体的意义（或者是整体的暗示）——一个社区，一个校园里的学术社区——所以在一个社区里拥有独立的功能。

环境——可能是混乱的空间——因为创造性的、分析性的、直觉性的、物理的行动混杂在一起。

场所——基本有序的空间——可以说是用于再创造。

环境——在一致的结构秩序中——一般的秩序——阁楼，在秩序中容纳多样性——空间的，感知的，功能的，机械的。

场所——作为结构隔间一致顺序的例外情况——容纳一个特殊的空间。

环境——在实验室中适应变化和动态——哇，看看这个！

场所——营造一种永久的氛围，让你期待熟悉的事物带来的舒适——但也可能会遇到陌生事物带来的惊喜，比如："哇！今天早上我们聊天的时候，偏偏是约翰说了一些非常切题的话！"

环境——从建筑的角度来看是中立而隐性的——为了减少注意力的分散——艺术家的工作室建在阁楼里，本质上不是因为艺术家很穷，而是因为他们觉得自己无法在别人的杰作中创造出杰作。这是一个激发灵感和汗水的环境——艺术家和科学家不是举行仪式的牧师。

场所——从建筑的角度来看是意象的——为了创造舒适和个性。

环境——为了近距离获得关注。

场所——为了从远处让视线聚焦。

对于场所的重要性，技术角度的讽刺是：在我们这个电子通信的时代，在我们这个网络的时代，具有地方形象的场所可能比以往任何时候都更重要。

美学上的反讽是：在这种建筑环境中，对场所的适应促进了一般秩序中的韵律例外，从而创造了审美张力。

象征主义涉及外部的图像学和装饰：

象征主义在通用建筑中蓬勃发展，打破了外部（和内部的一些场所）的一致秩序，从而创造了美学张力。

象征主义包含外部的装饰、符号和图像。

传统上是显而易见的，比如普林斯顿拿骚大厅的圆顶，带有意大利宫殿柱头的门，磨坊顶上的标志，埃及神庙里到处可见的象形文字。

内外的区别——至少在实验室建筑中是这样的，对学术实验室建筑而言尤其如此——是非常相关的，内部工作场所的建筑一致性和中立性被外部明确的象征性内容所调和，这些内容承认社区以及机构作为一个整体的重要性。

在一般的学术实验室建筑中，外部象征和装饰的另一个作用是承认和容纳校园的建筑环境，并加强它。到目前为止，我们的实验室建筑的外部象征意义更多地来自于适应特定的建筑环境，而不是一般的科学来源。

现今，作为整体的通用建筑图像的重要性以及作为图像媒介的电子技术的重要性，我将在下面谈到。

通用的实验室学术建筑：它不是一个雕塑式的建筑媒介，也不是英雄和原创的表现主义建筑——这限制了灵活性，促进了注意力的分散。

科学与技术以及技术的表达

这是其他与会者在本次会议上关注的主题，我将对其中的一些简要地谈谈看法：

表达功能很糟糕，因为它抑制改变，鼓励从众——适应功能才是有效的。

现代主义将工业工程意象看作一种建筑美学，有时被称为机器美学以及极少主义、立体派、抽象主义美学。可以说，这是对工业阁楼的乡土语汇的改编——基本上是世纪之交的美国普通阁楼——这体现了一个奇妙而有效的历史的建筑演变或革命——当赫德纳特（Hudnut）院长邀请沃尔特·格罗皮乌斯到哈佛时，这个国家正式认可了这一点。

在今天的建筑中，新现代主义运动涉及工程表现主义的复兴，比以前更具明显的装饰性——以工业意象为基础的讽刺建筑词汇，如工业装饰——这种意象现在已经有100年的历史了，在公认的后工业时代，它并不比文艺复兴时期500年的古典秩序的意象更现代或更相关或更具有历史意义。每个人都必然认同工业革命已经结束，但很少有建筑师承认电子技术与今天的建筑有着重要的联系——与通用秩序相结合，可以增强，确实可以表示，一种意象的维度——这是现在的图像维度，不像当时的空间结构维度——这是一个图像维度，但背后有一个生动的传统。

所以工业和工程结构的空间意象现在是偶然的，而附饰物（appliqué）的装饰性和象征性的意象现在是有效的。

也许现在的通用图像建筑的历史先例是：带有象形文字的埃及塔，装饰有商业标志的美国路边建筑，拉文纳的圣阿波利奈尔·诺沃基督教堂（Sant' Appollinare Nuovo），其福音派壁画装饰着内部通用的巴西利卡，一个构成主义项目、一家沙利文设计的银行或东京的电子建筑：让功能、结构和空间有效而不张扬地发挥作用——这适用于学术界的科学工作场所，也适用于整个建筑。也许这个定义中，常规的科学实验室是一个有效而生动的建筑原型。

我们事务所的科学实验室建筑在这里展示了普通阁楼的各种品质，其内部的灵活性适应了程序、空间和机械的演变，其外部装饰在阁楼一致的韵律组成内，容纳了适合公共学术建筑的象征性维度。这些秩序形式的例外来自偶然的互动空间，丰富了整个内部和外部的组成。

我们大多数科学实验室的设计代表了我们与波士顿帕耶特联合公司（Payette and Associates of Boston）共同完成的工作，他们对建筑的主要内部空间—机械—计划—元素负有最重要的责任。在过去的十年中，我们有幸与该公司的吉姆·柯林斯（Jim Collins）共事。

建筑从创造到惯例

本文原先为1987年4月8日于托马斯·丘比特（Thomas Cubitt）讲堂上向英国皇家艺术、制造与商业促进会（Royal Society for the Encouragement of Arts, Manufactures and Commerce）发表的演讲；而后发表于皇家艺术学会期刊1988年1月刊，第89–103页。

我是一名建筑师兼理论家——我年轻时，工作很少。那时我得通过交谈和写作来保持忙碌，不过这并不是为了摆脱麻烦；书写复杂性、矛盾性、模糊性、装饰、象征主义、手法主义，甚至是纯现代主义的后期，而关于勒琴斯爵士（Sir Edwin Lutyens）与拉斯韦加斯的写作让我陷入困境。

但是忙碌的资深建筑师们不会或许也不应理论化——总有陷入意识形态的危险——或者说理论化只应从属于他们的工作。尽管如此，丘比特信托董事会明确要求我进行哲学思考，而不仅仅是展示我们当前的工作，且国家美术馆的受托者直到下周才允许我将塞恩斯伯里侧翼的设计公之于众，我也当即向英国皇家建筑师学会（RIBA）承诺，我对该项目的首次演讲将在那之前举行——但为了让这场演讲精益求精，我必须处理我大脑中的想法，这便是我们目前的工作，特别是国家美术馆的扩建。

走出这个困境的方法便是继续深入思考建筑师的谈话和建筑师的展示这个主题，直到以"还有任何疑问吗？"结束。但我会尝试在这里渗透一些要义，通过通俗易懂的方式，讨论目前我和我的合作伙伴的所思所想——我承认这与我们的绘图板上的内容有特殊的对应——而这是市中心颇受欢迎的艺术博物馆的一种现象。这一现象如今被广泛承认。艺术博物馆作为我们这个时代典型的建筑类型，好比是如今的教堂，近乎是陈腔滥调。西尔维娅·拉

198

文（Sylvia Lavin）在1986年11月的期刊《室内》中对这种现象作出了言简意赅的描述。她写道：

> "每个时代都有一种建筑类型位于建筑层级的顶端，最完整地表达了那个时代的渴望和绝望。文艺复兴时期，文化价值观体现在宗教性建筑中，而勒·柯布西耶对各种住宅形式的探索揭示了20世纪早期的社会动荡。随着西方文明变得愈加复杂，我们的价值观之所在也越发难以确定，而博物馆或许是能最好地揭示我们的文化议程的建筑类型。当然，现代主义者与后现代主义者之间的战争主要以博物馆为战场。更重要的是，在这普遍温饱而非普遍富裕的时代，社会不平等往往以复杂而精妙的术语表达出来，这在艺术界习以为常，因而这座博物馆背负了备受争议的重要性。当代博物馆的特征不仅贴合近期建筑理论与意识形态的变化核心，而且可将其定义为一个需要直面广泛的社会与政治现象的机构。"①

在我看来，应将原型博物馆——位于市中心的流行艺术博物馆——的建筑含义分类，这么做时而会进退两难，挑战总是接连不断——与我们工作室目前处于设计阶段的四个博物馆项目有一些关联。最后，我将把立面作为城市文脉的表达与古典主义演变的范例。后者将特别为我们的国家美术馆设计的某个方面正名，并在总体上为我们的工作辩解，到最后这也许就是你对任何能言善辩的建筑师的期待。

坐落于市中心的颇为流行的艺术博物馆，不仅是一个保存与展示艺术作品的仓库，还是一个明确的说教机构，包含教育性的组成部分——借由

---

① Sylvia Lavin. Interiors Platforms [J]. *Interiors*, 1986: 15.

讲座、电影、电视、电脑与书籍进行教学的场所。还可能包括一间艺术家工作坊。它容纳了比传统的策展人与管理员更多的工作人员来实施新的项目。它附有一间商店和一家带厨房的餐厅。它通常是娱乐场所（尤其在美国）——华美而宽敞的环境用于举行开幕式与其他仪式。在19世纪的博物馆里，艺术空间与辅助空间的比例大约是9∶1；现在更像是1∶2，也就是说，只有三分之一的空间可能用于展示艺术。

当今的艺术博物馆已经拓展了它的市场——它不再是文化精英的场所；在19世纪中期，国家美术馆每年的参观人数是50万多一点，而现在每年的参观人数超过了300万——横跨了不同的品位、文化与国籍——当然也给积极的教育项目提供了场地。

美国的许多艺术博物馆正在迁往市区中心。我们为拉古纳艺术博物馆（Laguna Gloria Art Museum）设计的新建筑便位于市镇中心：它是从田园诗般却又偏远的得克萨斯州奥斯汀郊区迁移过来的。西雅图艺术博物馆则从城市边缘的精英公园迁至中心商业区内密度极高的地方，本质上是为了吸引更广泛的人群，增加博物馆参观人数，强化其影响力。通过艺术与商业的并置，它或将提升现代经验中已经丢失的美术与日常生活之间的直接性。在鳞次栉比的城市环境里创造博物馆建筑的形象，这诚然是一项重大的建筑挑战。

部分挑战在于重新评估当今艺术展览性质的需要。在过去，收藏是相对静止的，而今日，收藏是相对变化的，这是由于购买项目的增加，新作源源不断地供应给展出当代艺术的博物馆，而且出现了临时而流动的展览，它们会根据某个主题以新的方式呈现新艺术或组合旧艺术。这就要求在空间结构与照明方面有不同程度的灵活性，并促进艺术建筑环境的各种方法，包括在象征意义上具有中性、历史性或现代机械性的空间，并具备含蓄或流动的特性。

当然，照明始终是艺术展览的重中之重。大多数博物馆结合了日光所具有的色彩和动态特质以及人造光所具有的或易或难的控制与变化机会。如今的重要考量是需要遵守严格的保护标准，以控制照明水平，并减少暴露于对颜料有害的紫外线。

我想以建筑师的身份对我所枚举的问题列出几个回应——这些问题源于当前艺术博物馆所扮演的说教性与流行性城市机构的角色，它需要复杂的展览方式。其中一些问题似乎很容易定义并解决，但你会注意到它们是相互组合出现的，而当相互组合时，它们会变得时而矛盾，时常复杂。

艺术博物馆项目中庞大的教学组成部分导致了空间上不可避免的复杂性。国家美术馆最初的威尔金斯（Wilkins）肌理在本质上是一系列套房，在尺寸上大同小异，二楼与底层在空间与结构上对应，而我们的艺术博物馆是多种大小空间的组合，或开放或封闭，彼此的关系极为复杂多样。高楼林立的城市地带所要求的垂直空间结构加剧了这一复杂性。例如大型服务车辆的装货区可能位于演讲厅的上方，一边毗邻博物馆商店，另一边紧挨安全办公室，又在计算机图书馆的下方，而计算机图书馆又位于包含马萨乔作品的画廊下方，凡此种种，都必须符合奥雅纳（Ove Arup）非常重要的结构与机械要求，并适应必要的有关安全的政府法规。在我们的办公室里，我们把这方面的设计称为中国之谜（Chinese puzzle）。

尽管现在必须解开中国之谜，但它不是最大的挑战。一位心灵手巧的瑞士钟表匠也许就能解决这个问题。在建筑上更重要的是随艺术而来的远离（remoteness）。当你步入博物馆时，可能会纳闷自己是在博物馆还是在机场？当你进入艺术时，要么会因为你所穿越的迷宫的平淡乏味而疲惫，要么会因为建筑师为你上演空间、象征或彩色幻想的戏剧而厌倦。艺术，在你抵达之时，已化成了虎头蛇脚的感觉——实际上，当你用局限的瞳孔、疲乏的感官与迷失的方向来感知的时候，是枯燥无味的。

但除了空间的复杂性和艺术的远离之外，你还可能在进入建筑物时缺乏机构性的身份，在那里你会立即面对咨询台、图像交流的迷宫、商店、寄存处与安全保障室。所有这些对访客而言都是方便而又可靠的，但却会造成一种简陋的效果。

针对空间复杂性、艺术的远离与机构性身份的缺失这三个问题，我们所采取的建筑方法是使空间系统具有层次——感知上，主要的秩序是简单明了的，而实际上，次要的顺序是错综复杂的，使接近艺术的冗长进程变得直接、简洁、形象——通常是大型的单跑楼梯，使入口大厅的设计让游客在一开始便感知简单的建筑形式，以宏大的规模来暗示其机构性。不久之后，访客们将更加确信这一点，因为到那时，原本杂乱无章的具有特定功能性与交流性的元素将在更大的环境中外形美观且运作良好。

最终，所有这一切都可归结为清晰度与规模的问题——在抵达艺术的过程中那番循序渐进的体验之清晰度；在当今艺术博物馆的复杂布置中，大小元素的重要组合之规模。我们已经尝试避免创造一个由中等规模的元素构成却没有层级秩序的迷宫，如此便创造了卓越建筑所应该具备的清晰度与张力，并使建筑适当地保持内部的机构性与外部的市民性。

关于作为艺术场景的画廊：

画廊应该是供观赏绘画作品的房间，而不是容纳画作的装置。建筑不应使艺术黯然失色。

艺术博物馆在展示画作时遵循了两种截然不同的传统：一种是将画作置于大体与画作完成时期的风格相似的明确的建筑环境中，例如皮蒂宫的房间中，顶棚上彼得罗·达·科尔托纳（Pietro da Cortona）的壁画与墙上的画架绘画都位于同一个画廊。另一种极端是早期当代艺术博物馆（Museum of Modern Art）的中性而又灵活的空间催生出不断变化的展览，并提供了一个不同于画作的历史意象的背景。在这里，自然光通常被消除，背景被设计为舞台，由策展人掌控，并在频繁的展览间隙中变化。墙通常是白色的。

我们的方法介于这两种极端之间。它容许了一些灵活性，但也暗示了一种抽象而又本质的表达，即艺术家在绘画时所预期的场景。我们认为，实际又有关联的环境会让观赏者觉得这些画作真实而难忘，而匿名的、早期当代艺术博物馆式的环境往往会让艺术品看起来像书中的复制品。然而，我们认为画廊的设置不应复制最初悬挂历史画作的教堂或宫殿的房间，而应召唤出这些空间中本质的建筑特征与永恒的神韵。

关于作为房间的画廊：

在宫殿中，画作陈列于矩形的房间里，并通过窗户进行采光照明。19世纪的画廊以这些宫殿房间为基础，但窗户被屋顶监视台（roof monitors）取代。在20世纪，画廊常常被设计成流动的或者可以临时定义的空间，而照明的技术需求则被表达为实际的建筑元素。

在国家美术馆的扩建以及我们其他的艺术博物馆设计中，为了适应其文艺复兴藏品的特征，我们回归了早期的传统。我们觉得，用熟悉而又传统的墙壁、地板、顶棚、门与窗户来定义画廊，比那些充斥着新颖的、机械的而又现代的形式与符号的画廊更适合展出画作。

建筑尺度更深层的问题在于画廊空间的设计与画作大小、图像尺度以及观赏人数的关系。例如早期国家美术馆扩建的早期文艺复兴藏品中，就有图像精细复杂的小件画作。它们是为小教堂或文艺复兴初期宫殿与市镇居民住宅中相对较小的房间创作的，最初一天可能只有几十个观赏者。这些作为艺术象征的画作，现在每天被成百上千人欣赏——每年超过300万的访客参观国家美术馆，大约相当于15世纪意大利半岛总人口的三分之一。因此，画廊本身必须容纳小型物品与大量人群。房间必须大到能够承受人潮，但又不能盖过画作。画廊之间的门必须相对较宽，但从房间开口处所看到的轴向远景不能过于狭长或如巴洛克式建筑般宏伟，以至于不够尊重早期文艺复兴画作的尺寸。我认为此处的部分秘密在于（就如密斯的上帝）细节。画廊的建筑细节必须是规模小巧而高度精致的，以便适应许多画作的尺寸与亲密性。

在为画廊照明时，我们必须调和其他几组矛盾性的需求，此处是指建筑与科学：每个画廊的空间都应是基本的房间，但与此同时，它必须以不损害画作的方法接收光线。

我们已经在当前的工作中尝试：

- 画廊内的自然光，但没有阳光或紫外线直射画作。

- 在较低墙面的挂画处照明（自然和人工的混合光），但在墙壁顶部没有明亮的光晕。

- 不用明显而又机械的表达方式来接收与控制自然光或人造光。

- 一目了然，是日光的日光，因此不用天窗（skylights）的水平日光系统，而是带有可识别窗户的天窗（clerestories），当然还应适当保护以便控制日光射入量。另外，夜间或冬季末的下午照明也不用试图再造自然光。

- 窗户的意象可作为象征符号。艺术博物馆可以只有极少的窗户——这是因为墙体空间内挂画并保护画作免于过度日光照射的需求。安全性也是一个问题。但是，在画廊里偶尔有机会向外看是可取的，这是基于以下两个原因：窗户在这种环境中使画廊成为一个房间，一个艺术的房间，而非一座艺术的坟墓；它使画廊成为真实的场所——通过让人觉得画廊是熟悉的，并给观赏者机会，让他们知道自己在哪儿，在艺术的魔法世界遨游的同时，看到并确认真实世界的存在，借由两个世界的比较，艺术的魔力变得更加奇幻无穷。这一点我们已经通过空间分层实现了，窗户嵌入从外墙缩进的内墙之中，而外墙本身也有窗户，所以你将看到内部象征性的窗户并置于外部"真实"的窗户之上，因此画廊中离你最近的窗户能抵挡日光的直接辐射。

现在来看位于市中心颇受欢迎的艺术博物馆的外部。

从外面看，没有窗户的建筑在视觉上的僵硬与敌意几乎不可避免——可联想到堡垒或监狱；然而，一座受欢迎的博物馆必须看起来开放而又令人神往。因此，入口的特征与外墙的装饰都很重要。威尔金斯在国家美术馆中做得很棒，他的中央开放式柱廊引人入胜，墙壁装饰着富有节奏的壁柱、各式各样的线形装饰以及那些象征着窗户的壁龛。

　　然后便是存在的问题。市中心的艺术博物馆是一座在公民性方面极其重要的建筑，但它比周围的建筑要小。在美国尤其如此，低矮的博物馆通常被高层办公大楼牢牢框住。此外，艺术博物馆的位置在城市层级性的规划中也许并不特别，例如它可能并不是轴向大道尽头的焦点。作为车水马龙之中的社会机构，它沿街而设。惠特尼艺术博物馆、古根海姆博物馆、纽约当代艺术博物馆以及我们位于西雅图的博物馆都是如此。

　　这些重要的机构性建筑如何在无关紧要却又巨大无比的私人建筑的包围下获得存在感？再次凭借建筑的尺度——大尺度的小建筑。但同样，大尺度必须与小尺度并置——大尺度代表存在感，小尺度代表友好感——让你在宏大的背景中作为个体却又怡然自得：这是真正的意大利式乐趣。而这也是英式的：在特拉法加广场（Trafalgar Square），纳尔逊的巨型科林斯柱与国家美术馆门廊那小得多的科林斯柱形成强烈的并置，就其尺寸与规模而言，这些几乎都是乡村家庭住宅。

　　我在这里所说的都市风格与尺度似乎不言而喻，但它隐射了与一些近期设计的画廊相反的方法。在斯图加特、门兴格拉德巴赫与洛杉矶，城市博物馆的设计采用了中等尺度元素的组合，依次体验数个亭台与广场制造的空间游戏，就像步入中世纪的村庄或哈德良时期的别墅。这些博物馆中，尺度的扩展不是通过城市街区限制下的大与小的并置，而是像现代主义建筑那般，通过打破城市街区的局限——人行天桥横跨街道，室外公共路线将建筑一分为二。

　　除了有建筑存在感的小建筑、无窗却吸引人的建筑、符合城市普通空间系统的城市建筑这些问题之外，还有文脉问题。城市建筑的设计既需从内到外，也需从外到内——这一传统在反城市化的现代主义建筑时代被暂时遗忘了。在城市建筑设计中注重整体环境，可以提升和谐感与整体感。和谐感可以依托对比或类比来实现，即灰色西装搭配灰色领带，或灰色西装搭配红色领带，或两者兼备——灰色西装搭配缀有红色波点的灰色领带。此外，在艺术与环境构成中也存在着不和谐的空间——这是为了承认整体中存在的有效矛盾与不连续性，从而使得整体和谐感更加赏心悦目。

如今，许多博物馆项目都是老博物馆的扩建。在这些案例中，尊重整体性具有重要意义，其中将建筑视为碎片、将建筑曲折变形的想法至关重要。你将看到我们所设计的国家美术馆的扩建部分，尽管与原来的威尔金斯肌理分离，但向主楼曲折倾斜。它是一种碎片，假如老建筑出于某种原因消失，它便不能独立存在，也失去了意义。同时，我们希望新建筑在承认旧建筑时不要卑躬屈膝。它是更大的整体的一部分，但也是独立的且属于自己时代的建筑，它与原有的建筑形成强烈对比，又与之相似。

最后，象征主义与图像。现在的艺术博物馆不断更换展览，就像一个剧院，由外到内都需要图像，有时等同于大帐篷——还是说室外的图像应具有明确的指示性，就像圣日涅维夫图书馆（Bibliothèque Sainte-Geneviève）那刻有成百上千位学者姓名的公告牌立面？我也喜欢慕尼黑原先的新绘画陈列馆（Neue Pinakothek），其正立面上有一幅巨大的马赛克画，尽管该馆已被损毁。但别担心，我们还没有在国家美术馆的扩建项目中尝试这些图像的想法，特拉法加广场不会变成莱斯特广场（Leicester Square）。

此文充满"尽管"与"但是"等连接词，但这在任何对当前城市艺术博物馆的分析中都是合乎常理的，它流行但又晦涩，封闭却又开放，永存不朽而又引人入胜，它为艺术提供了融通的背景但又是艺术作品本身等。

请让我用一个建筑理念的简述来收尾，它有助于提醒我们自己——正如我说的那样，这或可作为对我们所设计的国家美术馆中某些方面的预期辩护。

这个理念便是：当下的偏离就是未来的惯例。我会提及我在古典建筑史中发现的一些逐步演化的变化。重点不在于古典主义元素的一致性或其组合规则的刻板性，而在于其内在的灵活性与达到鲜活艺术的潜力。

下面是一些现在为人熟知的或多或少涉及象征与形式的古典主义形态：

壁柱（the pilaster）：第一个看到这些壁柱的评论家说了什么？什么！贴在墙壁上的柱子——结构元素竟作为装饰——这是何种矛盾修饰

法——还是一个笑话？（也许当艺术家被指责开玩笑时，他们是最严肃的。）

巨型的秩序（the giant order）：各种尺寸、不同秩序的壁柱并置！多么令人困惑的形式与尺度啊！（但这种米开朗琪罗式的愤怒催生了建筑中的巨型传统，用以升华美学与市民性表达之尺度的层级性。）

而后还有田野圣马丁教堂（St. Martin-in-the-Fields）——中世纪的尖顶加到罗马式神庙之上？多么不舒坦啊！（但它不还是成了美国18世纪后期与19世纪早期的教堂原型吗？）

像巴西利卡般的教堂（a church as a basilica）？罗马法庭怎么能与基督教圣殿对应？

重叠的神庙（superimposed temples）反映了内部的巴西利卡？混为一谈，意大利风格罢了！

用老神庙（archaic temple）作基督教教堂？我的上帝啊！

马尔康坦特（Malcontenta）——一间正立面是神庙的乡村房子！——它成了豪华住宅与南方种植园的原型。

弗兰克·劳埃德·赖特对圣彼得大教堂的评价：米开朗琪罗建造了一座神庙，再把万神殿扔到上面就完事了（实际上，布鲁内莱斯基是首创者）。

斜倚在三角形楣饰上的人像（figures on a pediment）？祝他们不要打瞌睡掉下来。

破碎的三角形楣饰（a broken pediment）？可惜它只有一半。

用古典飞檐（classical cornices）设计来控制雨水的滴落并调节阳光下的阴影——室内？又是建筑师的把戏。

精致的室内罗马石膏作品（interior Roman Plaster work）——置于室外？多挑剔啊，亚当先生。

最后，若我将密斯视为精神上的古典建筑师，这就是用过时的工业乡土词汇来描述现代市民建筑吗？

我们现在喜爱这些曾经偏离常规但却成为典范的案例；但我们要记住，建筑中的逐步演变有时比革命性的发明更难让人接受。

你会注意到我未将那些没有变成典范的手法主义偏离包括在内，手法主义建筑无论在当时还是现在都是怪诞不经的。这是因为在手法主义建筑中偏离是本身固有的，手法主义建筑的偏离通常是系统范围内的策略，而不是权宜之计，它们构成了包含怪诞或模棱两可的整体方法的一部分。

最后你会注意到上述的很多案例都是英国的。英国古典主义建筑的智慧在很大程度上源于偏离常规。一些偏离调和了环境的侵入，而另一些则代表了改变常规的演变。所有古典建筑都在特殊与个体、通用与普适之间达到平衡。在英国，这种平衡往往是微妙而摇摆不定的，对于特例，甚至是个人特质的侵入，本质与抽象方面几乎还未解决，因而平衡不稳定地维持着。结果，富有张力与丰富性的结构就实现了，它使基本的古典主义语汇焕发生机，使英国的古典主义变得生动形象而又尖锐深刻。

在此情况下，伯灵顿勋爵（Lord Burlington）及其圈子所代表的本质的纯粹主义成了传统中的一个例外，这种传统更精确地表现于雷恩、霍克斯莫尔、凡布鲁、亚彻、索恩、希腊的汤姆逊以及"高雅游戏"中的勒琴斯爵士的风格倾向（并非手法主义）之中——这些我所挚爱的建筑师。

关于心爱的普林斯顿校园之说明，用作拟议规划研究的基础

写于1993年。

　　为什么每个人都喜欢普林斯顿校园，为什么它作为学术机构，其工作、生活环境能够独树一帜？

　　我认为其中一个原因是那里的建筑在通用表现上既卓越又多样——乔治式（Georgian）、塔司干柱式别墅（Tuscan Villa）、拉斯金哥特式（Ruskin Gothic）和学院哥特式（Collegiate Gothic）——而且在其自如的演变中，结合了建筑与风格之中的类比与对比的关系。

　　另一个原因是这所校园内建筑间的空间在品质与规模上始终是统一的，且巧妙地考虑了行人。在前几十年中，建筑不时介入空间，后来几十年里，建筑引导或包围空间。

　　从历史上看，普林斯顿的校园规划结合、平衡并整合了两种可以明确定义的方法。第一种方法的特点体现在最初的拿骚大堂（Nassau Hall）综合体上，在作为校园空间节点的古典形式中突出了统一的轴线与平衡的对称；第二种方法的特点则体现在霍尔德–汉密尔顿大堂（Holder-Hamilton Hall）综合体上，其如画而连续的形式引导并包围了空间，而且会被感知到随着时间的推移而演变。这两种方式对普林斯顿人来说都是讨喜的，因为它们充分认可并且紧张地并置了理想与务实、古典与浪漫、拘谨与如画。但重要的是要记住，在普林斯顿校园的总体规划史上，这些两两相对的丰富组合明显以实

用性而非宏伟性为指导。这是否使得校园规划在任何时期都呈现为一种不完整且因此具有讽刺意味的整体？

在通过于校园边缘的扩张而实现的增长和通过在校园内部肌理中进行填充而实现的增长之间以及在关注整体（而不是张扬专横）与细节（而不是吹毛求疵）之间，一直存在着恰当的平衡。

普林斯顿大学的空间、形式与符号的配置增强了校园氛围，它们也凭借通用建筑的各种表现来适应机构项目。我的导师暨历史学家唐纳德·德鲁·埃格伯特在《现代普林斯顿》（*The Modern Princeton*，普林斯顿大学出版社，1947年）一书中精彩地分析了普林斯顿的形式与项目之间的联系如何承认象征含义这一问题。

在规划研究期间，关于地方与机构的精神特质与内在性质的问题，必须巧妙地提出有关地方与机构的精神特质与内在性质的问题，并在规划者与使用者之间进行仔细分析，用以理解普林斯顿发源于何处，以便通过校园规划来持续适应动态而复杂之未来中的变化与发展。

这份属于普林斯顿的遗产将是其未来发展的基石，它脆弱而又珍贵，并且奇怪的是，它既易受现存校园肌理中类比关系的侵蚀，又易受对比关系的破坏。让我们留意弗吉尼亚大学"场地"演变的警示，因为它以草坪为神圣的开端。这座由托马斯·杰斐逊设计的建筑综合体——无论是教育意义还是建筑影响，都是有史以来令人崇敬的杰作之一——从那时起就一直在走下坡路。

关于环境和功能的更多思考：
美国城镇中的美国校园

布朗大学本科科学教学楼设计竞赛中我们未能获胜，此为所提交之竞赛文件中的文章摘要。

写于1993年。

建筑与场所	可以说，这个项目包含了建筑和场所。
新的与老的	老场所中的新建筑。
通用建筑	建筑被视为通用实体，以适应内部特殊与普遍的需求；在项目性质、空间与美学方面，连接与之相邻的地理—化学大楼，并且认可外部环境——建筑所在的地方——同时加强那个地方。
布朗与普罗维登斯一起	这个地方被视为两种事物：作为美国大学校园的一部分，具有乡村参照；作为美国城市的一部分，具有格状平面——由此承认了布朗与普罗维登斯的特质。
这座建筑：符合通用传统的灵活性、节奏感与背景	作为通用类型，科学教学楼是由重复空间组成的层级结构，从而形成了一种秩序，以满足各种使用者的工作需求，且能适应随时间推移而出现的特定用途与关系的变化。这座建筑应该属于以布朗大学大厅为代表的杰出传

统，它承认由时间推移而产生的演变，并且从内到外地为学术工作与生活提供有节奏感的背景。

不张扬的背景只为让人专注：混乱与灵感

建筑的通用阁楼形式，因能适应当下与超越时间的变化，将会满足教学实验室项目在使用、空间与机械系统方面的具体要求。通常，阁楼能为创造性工作提供理想的背景，如艺术家的阁楼或科学家的实验室。这是一处宽敞且不引人注目的工作场所，它可以调和秩序与混乱、灵感与专注。

协调交流——明确或附带的——以此强化社群

但是，如果该建筑要容纳并支撑一个学术社群，就必须同时满足交流与专注的需求。沟通可能是附带的，也可能是明确的。它可能"意外地"发生在走廊内外，也可能发生在教室与讲堂。用于碰面的犄角旮旯应该巧妙地整合在建筑空间秩序或循环系统的内部，同时也要考虑将其作为例外情况。

一致性与例外

建筑应该凭借一致性与例外来实现建筑的品质。在我们勾勒的典型楼层平面图中，秩序中的主要例外是一个临时会议场所，位于主走廊的尽头，靠近电梯与地理—化学大楼的衔接处——这两个地方都是循环密集之处。当你接近并进入这个照明充足的区域时，你不需作出太明确的社交承诺；平面内不规则的形状与内置的窗座则暗示这不是一个房间，而是一个引人注意的空间事件。

场所：美国格状平面与美国乡村校园	**城镇**：美国传统的格状平面——限定了一些城市理论家与设计师的节奏——展示了一些空间与象征方面辉煌的维度。它包含着一致性与丰富性，秩序与发展，层级与平等。基于这种一致性，城镇内部的建筑物所获得的层级性质并非源于位置，而是依赖于其规模与象征在尺寸与建筑品质方面的区别。格状平面的平等主义兼顾了多样性与一致性，在这一系统内，增长是固有且持续的，它那开放的街道暗示着永恒的边界。 **大学里的师生**：美国学院或大学校园的原型是乡村式的——至少在意象与象征意义上是这样的，虽然有时最终在位置与密度上不是如此。
布朗大学的城镇居民与大学里的师生	布朗与普罗维登斯在机构与城市方面的并置尤其紧张尖锐。这些特质应该得到认可与理解。
街区与拐角	场所——乔治街与塞耶街的拐角以及乔治街、塞耶街、沃特曼街与布鲁克街形成的内部街区——包含了街区内的校园与拐角处的城镇。 内部街区。由于现有的行人循环模式，新建筑的主入口可能始于它所帮助定义的内部庭院。这将使建筑朝向校园内部，并加强街区内的活动。新建筑的单侧负载走廊将有助于活跃校园的这一部分，因为它的玻璃幕墙会将建筑内的活动展现于公共视野。
街道与内部街区	该建筑两个主立面之间建筑意义上的对比来自于室内的需求，但它也清晰地表达了外部街道与内部街区的

差异，这个地方既是校园又是城镇，并且同时承担了
两者的责任——暗示着街道上的城市环境与街区内的
"校园"。

街角   城镇与校园这两个元素对布朗大学而言都很重要——我
们也赞同。就大学目前的情况来看，这个街角亲和地汇
聚了一些18世纪与19世纪设置了护墙板的居住建筑，卡
塞尔与豪威尔（Kasser and Howell）的住宅以及鳞次栉
比的精致的机构建筑。早期的住宅建筑比较大的机构建
筑更靠近街道。尽管这个城市的构造极富魅力，但仍存
在一种可以取代豪威尔住宅的可能：它相较于安妮女王
复兴式住宅并不那么杰出，也很难适应新项目的要求、
当前的规范以及地理—化学大楼的楼面标高。

秩序与多元   东北角的新建筑群可以强化这个城镇与校园的重要交汇
点。我们认为新建筑是空间的定义者，而非形同雕塑的
实体，它的线性形式引导着街道上的空间，并将空间围
合在街区内。其砖砌立面柔和一致的节奏感，将增强塞
耶街的特性，并定义所围合之场所的特性。同时，建筑
东端的各种节奏、尺度、连接与曲折——师生会面场所
与底层通道的外部表现——打破了立面的连续节奏，强
化了这个街角的城市特征。

高度与体积   我们认为这座五层建筑的感知高度可以通过顶层缩进来
更妥当地降低，从底层看到的是四层的外观高度，而不
是像在地理—化学大楼中所做的那样——模拟住宅屋顶

的轮廓。建筑的体积借由单侧荷载的走廊平面和末端的衔接最小化；它紧凑的占地面积减少了对现有开放空间、景观、路径与植被的影响，并使它能从人行道退缩至与附近其他校园建筑大致齐平的位置。

活力与发展	这种方法试图从对比与类比中获得和谐。它承认，在必须适应发展的复杂城市环境中，张力这一特征确实是不可避免的，并努力使这种张力变得美妙。
一种复杂的和谐……	我们希望这座新建筑的内部是可行的，外部是有效的——通过它潜移默化的影响，其秩序与例外的组合以及层级与规模的丰富，在这历史悠久、景色绝佳的地方，能够实现一种复杂的和谐，美学的张力以及从发展的现实中生发出的活力。
……根植于那里	作为设计师，我们始于那里，我们热爱那里，我们从那里出发。

关于美国校园建筑设计的大致想法

写于1992年。

　　大多数校园的学院大楼都希望在建筑上具备通用性，有时，具体而言就是阁楼式，其内部能够随时间的推移在实体与空间上保持灵活，以适应不断发展的用途。通过这种方式，它们承认了大学机构建筑的特征是连续性——建筑内的生命超越了构成机构的学者个体的生命。这种建筑也应拥有尊严和宏阔的规模，以适用于通用机构；这种建筑也应百折不挠——异常坚韧以使它们耐磨抗损，并且它们必须历久弥柔。这种阁楼式建筑的建筑品质应是隐忍的，而不是侵入的——成为工作和专注的理想背景；这种建筑也应适应偶有的互动，在连通的特点中含蓄地改善社区与交流。如果这类建筑在内部发挥隐性背景的功用，那么，它们在外部环境方面也应大致如此。这些建筑是办公场所，同时是庄重严肃的，它们必定不能追随建筑潮流，而应如我们所述，是普遍而通用的，它们也因此最有可能在校园内传播和谐的氛围，并通过类比而非对比来认可环境背景——一座学院大楼不能屈从于当时被大肆炒作的敏感性，也不能沦为一个产品，来宣传创造它的伟大建筑师。那些使建筑师更负责的刺激不是来自校园。

　　讽刺的是，我们工作室的大部分作品是机构性的或市民性的建筑，它们往往与校园有关，需要背景类比而非背景对比。因此，我们与这个时代的敏感性格格不入——收听嘈杂的音乐，炫耀衣服的垫肩，观看商业插播。在品位循环中，我们的感官期待包含了巨型的规模、大胆的形式与颜色以及对比。但我们抵制这种自然的当代倾向，以便成为优秀的建筑师、艺术家，使艺术合情合理而不是主观武断——适合具体环境而非艺术倾向。我说"讽刺"是因为我知道，在我们的时代，炒作普遍具有正当性：这不正是我在1960年代中期所说的"少即乏味"（Less is a bore）？——尽管现在我纳闷，是否多才是乏味的。我很想炒作，但我只炒作适合工作的。

反驳

反胃中：出门旅行，从下榻酒店的窗口都能看见我（们）的作品开发的元素被用到泛滥

将今天的陈规俗套作为以前的离经叛道的一份记录——排名不分先后

写于1994年。

1. 分层立面带底座、中段和顶端——像1960年代初工会公寓所示范的——立面用条块图案装饰，基座上开洞，顶端开弦月窗。

2. 不用铁丝网栏做院墙——如工会公寓，用于门脸上方的花台。

3. 二元构图——如工会公寓入口——用一根大粗柱标示。

4. 大粗柱——在工会公寓入口——体现构图的二元。

5. 雕塑在建筑身上，而非面前——如工会公寓身上有如雕塑一般的天线。

6. 不把窗假充墙面，其缺省、长条或是洞眼：用棂和梃标出多个窗格，提醒你这就是窗——在工会公寓中，最早在母亲住宅中（这么吃螃蟹，信不信由你）。

7. 点铁成金——如工会公寓中身兼电视天线的具象雕塑。

8. 不限于人体尺度的大尺度小建筑所示的多重尺度——可见于所有的早期小型建筑。

9. 装饰——母亲住宅和北宾州访问护士协会入口的实用拱门，窗户镶边的线脚。

10. 冗余——如母亲住宅里，并置于功能性过梁上方的装饰性拱券。

11. 象征：母亲住宅看着就像个住宅：普通，居家，传统，不出奇也不恶俗。

12．接受并肯定立面上破开的入口：入口不只是墙壁缺省产生的影子。

13．山花回归正立面，而非平屋面或棚屋面——如在母亲住宅。

14．那里所断开的山花。

15．条纹、边框、颜色用作装饰！——就像在所有地方。

16．分正反面——如母亲住宅、工会公寓。

17．建筑不必与众不同——如哥伦布消防站和南塔克特岛（Nantucket）住宅。

18．作为文脉与场所相关联的历史参照——如因其所在而异的那类房子。

19．不是在空间中建造，而是建造出空间，承续城市的传统，而不是郊区的、光辉城市的、超级街区的或是广亩城市的传统——就像在北宾州访问护士协会，把紧邻的停车场定义成积极的空间要素。

20．建筑作为片段：见上文。

21．不必假装工业语汇——如母亲住宅。

22．非工业的烟囱没什么不好；不必非管道即截掉——如海滨别墅。

23．拱券可以仅用于装饰，象征并肯定入口——如北宾州访问护士协会。

24．归根结底，形式是可以有象征性的——不是原创性也不是工业化——形式是可以随其语境变化而异的。形式也可以包括大型标志——如足球名人堂方案。

备注：我提到的第一批建筑：

1．北宾州访问护士协会楼

2．母亲住宅

3．工会公寓

4．哥伦布消防站

5．楚贝克–维斯洛茨基（Trubek–Wislocki）住宅

6．足球名人堂方案

72
草图

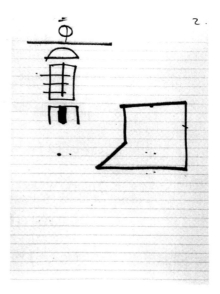

窗——1965年前后

发表于《窗的建筑学》(*The Architecture of the Window*),《A + U》特刊,1995年12月。

我重新发现了窗户!如今已很难记起,当年做窗户是怎样一种禁忌——也就是说,我着手时,建筑学正现代得变本加厉。

在国际式早期,确实有人在墙上开洞做窗,如密斯·凡·德·罗的大作柏林非洲大道住宅(Afrikaner Strasse Housing),或是勒·柯布西耶的大作萨伏伊别墅,但又通过组合伪装成带形窗,作为竖长面贯通,而不"破坏整体"——成为形式和结构意象——从属于身为简单抽象要素的墙面。

作为条带更甚于开洞的窗,不仅可以水平向,还可以竖直向,在不那么向工业看齐的美国摩天大楼式的现代主义中——如洛克菲勒中心综合体(Rockfeller Center complex),分划在场但不显眼的窗的窗间墙不是身处左右之间,而是上下之间。

接下来是勒·柯布西耶的遮阳板,用几何的力量主宰了立面,也就把身后的窗遮隐在阴影中了——最终,从外部遮隐窗户的用意多过了从内部的遮阳。

把窗当成缺省的墙的观念,已经无处不在,正如回避建筑中的围合、鼓励室内外模糊化"流动空间"也占据上风。在密斯的巴塞罗那馆中,不动声色地把断开的二维墙面连接起来的玻璃墙,彻底把窗打入冷宫——不过我们肯定记得赖特在几十年前,在草原住宅中就把窗隐蔽成水平出檐的深影了。

　　我是从形式感知的角度描述无窗建筑的概念的，但它在涉及联想的象征层面同样应用得生动。这种建筑中组成框架和玻璃以隔寒遮雨且透明的实际要素——这些要素不要设计得眼熟，不要让人从品质或是意象上联想到从前见惯的窗——千万不要是历史中见惯的，于是，现代推拉窗就登场了。当然，这里也有大块面的平板玻璃的发明的功劳。

　　同样重要的还有这些美学基础——结构、空间和象征——在墙面上否定窗户，就是一个哲学基础：现代建筑不革命也要进步；形式不新也要奇，在其常常纯粹而极简的抽象处理中，形式不出新也要出奇——由此完全摆脱掉历史的先例。这样哪怕建筑看着离谱，也不无小补，因为增加了担当先锋式正确的几率。我之前也写到了国际式对工业乡土建筑的含蓄参照，这是勒·柯布西耶在《走向新建筑》中提及美国谷仓时承认的（而格罗皮乌斯，谢天谢地，他的开山之作——法古斯鞋楦厂也正好是一家工厂！）。

　　路易斯·康的晚期作品，墙面上有着动人心弦的开洞，但却明显是抽象的，尤其是凸显洞而弱化窗的圆和三角的形状。

　　结果到了1960年代初期和中叶就发现，我倒因为不参加革命而显得革命了：因为对参考和联想的运用，如果那还不算象征性的话；因为对抽象、进步、已成昨日黄花的现代主义的摒弃；因为在设计我能接到的小住宅和消防站项目时，我也没有设计得惊世骇俗，而是家常而传统。以不出奇而出奇，今天这不足为奇，在当年可真出奇。其中一招就是让住宅看起来就像个住宅，让消防站看起来就像个消防站——说起来就是用联想使之如其所是，而不是用功能定义它。

　　我就是这样做普通窗的——看着就像窗户的窗户，从象征上、从形式上都是个窗户，就在我的第二个作品——母亲住宅中（我的第一个建筑——北宾夕法尼亚州访问护士中心，入口看着就像个入口，是在立面上玩了一个干干脆脆作装饰的拱门）。

　　没错，在1960年代这么干要有胆——竣工是在1964年春天——在母亲住宅的正立面左边开出那么个洞口——再费点儿功夫地说服阿卡迪亚滑动玻璃门公司插入横挡，好在其中插入一扇窗！这扇窗就是老年公寓立面上的双悬窗（double-hung windows），中间有一根竖梃——更多是在复刻美国常规的窗。接下来又出现在楚贝克—维斯洛茨基住宅和其他作品中，有时是在窗框上做文章，直到这款经典窗变成另外一些建筑师到处用的商标。于是就有了今天名副其实的大商标——Windows' 95！

归根结底，建筑师就得看重窗，窗是创造和调节内部光线的要素，可能更是唯一的在历史上标志建筑品质和风格特征的建筑要素。

作为基本庇护所的建筑，作为有效解构派的城市

罗伯特·文丘里与丹妮丝·斯科特·布朗。最初宣读于1991年5月2日伦敦建筑协会举办的纪念雷纳·班纳姆的外围建筑讲座；之后发表于《建筑设计档案》（*Architectural Design*）第94期（1991年）简介，第8–13页。

我们特别受嘱谈谈外围话题，如果意思是"不要放你的作品的幻灯片"，我们好说。但如果是要把建筑联系到文学批评、符号学、哲学理论、心理学，乃至关于感知的奇谈怪论里，我们就无所适从了，因为这正是我们不谈的，而且不谈的意义正是下文的主题。

先锋的复杂内情

每当读起今天的建筑文献，常常为其晦涩到晕，虚夸到恼，乏味到烦。但建筑学及其感知和意义，就不该让行内人士向有文化的读者讲解时都有难度，因为建筑学是一门满足基本功能和结构要求的学科，有明确的经济和社会义务要尽。作为最社会也最普及的一门艺术，建筑学必须化解掉它内行晦涩的那一面，或者起码不去有意晦涩；既然不可避免地是大众文化的一部分，它就得能为大众所爱、所懂——懂行不懂行的都得使用建筑，长久地与之共处下去。在哀叹如今的新潮指向的是即使晦涩也过分简单的意识形态时，我们也想起埃德温·勒琴斯爵士曾如是评价赫伯特·贝克爵士（Sir Herbert Baker）："上帝先造就万物，再让亚当随物赋名。贝克则是先起好名，再来造物。"意识形态是艺术之敌。从前的麻烦一贯是建筑理

论帝读过一本书就来命名一场运动；如今则是读了太多的书，掉了太多的书袋。①

接下来，希望你们能听懂我们所说的。我们会尝试简单直率地谈重要的事，就说美国话，不用翻译过来的法语、德语或是意大利语。我们的信念很老土，就是要让人家能听懂自己，包括我们自己，所以你们要是发觉能听懂，不要觉得我们不对劲②。

我们的立场还有个缺陷：我们对当下建筑理论取向的批评，可能缺乏有

---

① 在一位知名建筑学者最近发表的一篇不足1500字的文章中，提到了以下名字：西格蒙德·弗洛伊德、霍夫曼、弗里德里希·谢林、勒格朗、杜索尔、乔治·西美尔、西格弗里德·克拉考尔、瓦尔特·本雅明、莫里斯、哈尔布瓦赫斯、尤金·明考斯基、让·保罗·萨特、马丁·海德格尔、霍默、让·雅克·卢梭。

② 我们所反对的东西在以下引文中得到了体现：约翰·沙特尔沃思关于建筑的一篇文章的前五页，名为"符号和标志的衍射：关于符号思想和符号学语法的论文"，发表在一份恰如其分地称为"前卫3号"的出版物上（尽管3号，相比1，可能显得自相矛盾，自称前卫者往往并非）（1990年冬），第54–75页。这里引用的短语是由圆点代表的相对较少的普通词语串联起来的。

……解释学和解构主义批评……逻辑实证主义、机械主义的排他性和实用主义……辩证唯物主义……共产主义/社会主义或资本主义/社会理论……物理、定量、归纳、科学思想的预兆……几乎所有符号学、结构主义和后结构主义的著作都有"读懂"的色彩……自爱奥尼亚哲学家首次与6世纪的爱奥尼亚传统决裂以来就存在着分裂……情感—逻辑思想……弗洛伊德、荣格、列维-施特劳斯……分析与合成，运动与理性（等）[原文如此]……认知的"感觉"字面的象征主义，意义的多义性……线性语法……符号性发挥了意义的冗余，以模态的方式揭示了指称。象征以这种方式纠正了某些隐含意义的"空洞化"，量化科学以客观性和虚幻的民主的名义如此傲慢地将其消解……社会语言学、文化人类学、主观的文学批评、精神病学和"投机"心理学以及哲学……无意识、神话和非理性……文化……感知和投射……正式（和非正式）的人类表达姿态……文化密度……表达和感知的整体性……"抑制"……抑制的条件……认知参考……扭曲的条件……冗余……象征性的同时性……机械主义思想……生产理论……隐喻性的联想……作为神话创造的实质……解释学和解构主义[又来了]……"文本的不可预测性"……"相似"和"差异"……意向性的记录……产生"场效应"的关联集合……线性剖析的分析……意向与图形的互动……身份空间……中介层面……可读意义和空间感知……文化作为一种媒介……制约着人类作为世界存在的取向和身份……碎片，作为一种有条件感知的意识形态……象征思想的阐述……结构语言学和结构主义……隐含的内容……语法和句法的操作……词语联想的潜在变革力量……科学或社会学平等主义的幌子……情感逻辑方面……同步非相关联想……排除线性、操作机制的基本结构……困在塑性语法中……多价联想的同时性……符号对明确的内容产生影响，并通过共鸣的模拟总循环实体成为思想的泛音……糯米的扩展……符号空间，被概念化为体积关联性的衔接……塑性语法……所有交流和感知的姿态的感知"色彩"……

如此等等，还有九页。

227

充分说服力的细节，因为好多读过的及试着读的，都没读懂。如果你弄不懂，你就会怀疑值不值得懂。你可能会质疑我们怎么能不懂还反对，或是为什么不多点耐心，但我们将辩护说我们所要批评的实质就是这种矛盾，并且尽管对当下的所见所闻不懂也不赞同，我们仍然断言，它们中的绝大多数跟25年前的《建筑的复杂性和矛盾性》和20年前的《向拉斯韦加斯学习》里写的都是一回事，只是写得意味深长却又过甚其辞或者令人误解：解构派的复杂与矛盾（Decon C&C）[1]继承的是现代的衣钵吗？

既然矛盾贯穿和主宰了我们这个时代（尽管另有叫法）的理论和实践，那就谈谈它的实质。如果矛盾一成不变，那就不称其为矛盾。正如在音乐里，全是不谐也就无所谓不谐。如果矛盾在建筑中无处不在，那就无处可依，因为矛盾必须身为例外，才能作用于感观的秩序或其残局，无论多微弱，或是作用于《建筑的复杂性和矛盾性》描述过的"困难的整体"。手法主义的建筑，必须有一套初始秩序作依据。面对功能和背景时视为真实去体验，而不是当成意识形态去打磨，会让你打破美学的条框，在美学上可能也是好事。一成不变的矛盾、持续不停的无常，最终都会让人神经敏感或是腻烦。矛盾不能是强加的，显然也不能是统揽的：例外一定是在证明而不是制定规则。

尽管我们提及的部分理论及其涉及的建筑，也对《建筑的复杂性和矛盾性》亦步亦趋，但还是无视了该书的引言"温和的宣言"中对"不称职建筑的不连贯和随意"的警告，对"如画园林和表现主义那可贵的错综丰富"和"基于现代经验的丰富多义的复杂而矛盾的建筑"的偏好。看来我们在1960年代初就反对的晚期现代主义所阐发的表现主义、在《向拉斯韦加斯学习》中呼为"英雄而独创"的建筑学、在1980年代初以《变来变去》（Plus

---

① 作者全程对自己的复杂性与矛盾性（complexity and contradiction）都未缩写，唯独这里缩写成C&C，显系讽刺，故在 Decon C&C 的译法中体现出来。——译者注

Ça Change）^①与之割席的后现代主义的极端分子，又被先锋学术圈重新发明
成了解构主义建筑：**还要变来变去**。

无处不在的矛盾和无端而来的多义，并不是出自建筑的任务、结构和意
义，也不是现代文化和社会经验里本来就有的，反而是师心自用、形式主义
的美学游戏，还披着今已早逝的工业革命的实打实的历史符号的外衣，或是
蒙着神秘知觉理论的晦涩引用的寿衣，束着慷慨陈词、煞有介事的知性论证
的绶带——最终被这些烦到的人比惹恼的还要多。

那么是这个时代出了问题，还是我们的年纪？我们反感长辈建筑师批评
年轻人，因为我们也是过来人——所以我们的批评迄今为止既痛苦又迷茫。
另一方面，也可以自问：我们是不是在徒劳地鞭打死马？解构派早已自毁
长城了吗？

反对现代，反对后现代，反对新现代

我们也在别处写到过，这个文化与社会多样化的时代需要一种，最好是
多种丰富且模糊而非清晰且纯粹，多种多样而非普遍如一的建筑，也呼吁过
与形式的复杂和矛盾同行的象征引用的折中主义，呼吁过乡土的和传统的高
于进步的^②。我们曾挺身反对层出不穷的"日新月异"，反对恒久先锋的现代
主义^③。但我们也一样批评过不少后现代建筑对历史引用的不切题及新古典
和装饰艺术的象征手法运用的肆意。我们也写到过装饰的有效性，写到过现

---

① 罗伯特·文丘里："历史主义的多样性、相关性和代表性，或加上ca变化……再加上对建筑中
  所有图案的需求以及关于我母亲的房子的后记。"《建筑记录》（*Architectural Record*），1982年
  6月，第114-119页（1982年格罗皮乌斯在哈佛大学的讲座）。
② 同①。
③ 正如吉姆·柯林斯（Jim Collins）所描述的。《不寻常的文化：大众文化与后现代主义》（*Uncommon
  Cultures: Popular Culture and Post-Modernism*）（New Yorker: Routledge Chapman & Hall，1989）。

代主义和晚期现代主义者们拒斥外在装饰和图式产生的难题以及表现主义把功能与结构偷梁换柱带来的麻烦。今天的新现代主义者也不例外。装饰恐把他们驱到了极端里：为了回避装饰，他们要在结构和建筑上表演杂技、杂耍和狂欢，在这儿来一段桁架，在那儿吊一根斜柱，或者一个玻璃顶，来一场温室效应——所作所为图的还是引人注目。可是浑身高光等于没有高光。再说，这些特技多烧钱呀！纵使眼前一亮，算算钱，算算美，在庇护所表面和框架，在细部形状上作装饰，都能收获简单得多的愉悦的情况下，又值不值呢？

新现代对历史引用的鄙弃并不适用于现代风格，是现代风格构成了新现代建筑词汇的符号基础。然而，这种工业乡土的变体已变成一种历史风格，其程度不亚于浮夸的新古典主义，所提供的关乎当前建筑实践的内容也微乎其微。而众人都知道，200年前开始的工业革命已经寿终正寝，如今从立面上眼花缭乱地探出来的素铁件或钢件，或是蜿蜒爬过空间的裸露的管道，都是一副落汤鸡的样子，既不刺激也不实际。

在他们维护现代的风格，而不是原则，反对历史引用的狂热之下，新现代主义者的激情几近威胁。诚然，后现代建筑也有不少作品糟得很，所参考的先例也跟我们这个时代的文化多样性不相干，但为什么是这么个情绪？也许是因为新现代主义者害怕自己不懂历史。无论什么原因，新现代主义者都完全靠纯粹的现代来拼凑后现代。

当然，纯粹的拼凑这个词是自相矛盾的。拼凑只有在多样或掺杂，且不随机的情况下才成立。而现代主义的前提首先就是反拼凑。多么讽刺！从一套国际风格—俄罗斯构成主义词汇中衍生出来的现代主义元素，逐字逐句地用作装饰，而不是对功能和结构的理性而"诚实"的表现 ——这些地方反倒涂起色来，效果就好比清教徒女士跳康康舞。 格罗皮乌斯如果还在，会不会比厌恶后现代还要厌恶解构派？

我们这些敬爱60年前的现代建筑，并受益匪浅的人，受到了新现代的戏仿的冒犯。但也许我们不应该这样。把结构元素装饰性地使用到极致就成了"装饰的构筑化"的解构派，可能就相当于今天的装饰艺术——后锋们把老巴黎美院体系嫁接到新国际风格上的最后一次凄美的尝试。也许解构派艺术是后现代的装饰艺术。这充满讽刺的最后一息还有效果，得到了一席之地。莫非我们在鞭打的解构派，是一匹死而不僵的马？

反对随意的多义

到现在为止，我们已经对这些取巧的做法展开过批评：

- 用理论和批评取代建筑艺术。

- 建造的是理论；把建筑当成凝固的理论而不是凝固的音乐。

- 把建筑当成图表和文字，拿来表达复杂的超建筑观念和理论，而不是身为房子和住所的建筑学，专注于使用和审美意义。

- 对丰富的语境视若无睹，推销一种万能的思想观念。

- 将诗意的模糊性奉若天条，而不是经验的体现和艺术的技巧。

- 用惊人的乏味冒充真正的先锋；推销一种就算不压车尾，也不上不下的假先锋。

- 对想法是在展示而不是在揭示。

- 重复不断地运用矛盾制造出歪瓜裂枣的画意。

- 假装现代风不算风格。

- 假装现代风是现代的。

- 把象征的形状当成抽象的形式推销，遗忘了其中的意义（人过了2岁，联想和参照就如影随形了，这没有毛病，你只要承认象征，才能有效使用）。

- 自以为是地诋毁我们广泛的文化，否认流行文化和大众文化在我们丰富的艺术组合中作为艺术来源的重要性。

- 推销一种单一、独霸、不怀好意的精英范儿的文化，又先锋又普世得自相矛盾——用吉姆·柯林斯的话说就是在我们多元的时代思潮中，"按照符号学来说，不可能有'普适的'语法——除非是一言九鼎的'官式'文化"。
- 用表现性的接合——把整个建筑都接合成装饰——来取代有实际用途的装饰。

在这里，艺术本来的模糊多义就被带歪到了极点，为了多义而多义，而不是为增进意义的丰富性和深度。它建立在对当代经验之复杂与丰富的缺乏认识和适应之上，后者归根结底是要它的艺术拥有真诚的混乱、痛苦的失序，从现实而不是从矫饰中发出的对混沌的表达，不是煽情而是活力。

作为展亭的建筑，作为城镇的建筑

像詹姆斯·斯特林、彼得·埃森曼和弗兰克·盖里这样的建筑师，彼此大异其趣，作品中却存在一种共通的倾向，就是把通常认定为单个建筑物的部件分离成独立的单元——好把建筑物造得有如展亭。这些建筑师的建筑中，独立的单元间是有连接的，你不会在从此处到彼处时淋雨，但把展亭彼此接合的连接件是淡化处理的，这样一座建筑就仿佛一片城镇。这种方法出于某种原因受到了莱昂·克里尔（Leon Krier）的强推，他的作品理念上都是一系列彼此独立、大同小异的小亭子组成的。

年轻时我们曾冒着影响声誉的风险反对巨构，只因我们认为这种方法无视城镇的内在品性，城镇是个随时间和形式演化的增量实体，其发展取决于金融、技术、基础设施、官僚作风、功能、品位和美学之间错综复杂的关系，更不用说汽车了。我们不是说如今把建筑当城镇来设计就像把城镇当建筑来设计一样糟，但是那种把建筑当成村落来设计——还是遭遇了地震的村庄，那种爆炸状态定格的形象——有违建筑学的一些基本原则和常识：想一想那些四面开花的建筑场面怎么加盖屋面，怎么遮风挡雨。

设计成城镇的建筑从本质上是反城市的，它那断裂开的组件抵消而不是增进了现有城市的尺度感，打破了建筑立面的连续性。人们看起来是在城市之中的一个小村之间穿行。但这种组合更像彼此拉开距离的单间而不是展亭，比起欧洲的都市形态，更接近洛杉矶的郊区蔓延。它的建筑在分立、接合和室内功能的表达上都是正统的现代范儿，但就其封闭的而不是自由流动的空间而论，它们是反现代的。此外，展亭偶尔在图案或界面接合上作的装饰也突出了它们在反现代（也就是反国际式）上语言和空间的脱节。最终实现的效果是没有楼板的亭子。

好吧，我们是爱洛杉矶的（也爱拉斯韦加斯，也爱东京和罗马），只是没有那么深，没有爱到把我们的建筑物变成它的样子。把房子当成村落设计，反映的是令分散优于庇护的极端做法。把小得可以的建筑物的几乎所有空间要素像做空间和雕塑般地咬文嚼字地做出来，的确是一种奢侈的做派。

作为物体的建筑，作为雕塑的建筑

除了不把建筑当建筑（或者把一个建筑当成众多的建筑），解构的建筑物也不是庇护所在建筑学上的体现。它是一个静物，或者是一组静物，暴露于日晒雨淋。或者说是雨中的雕塑也行。它没有窗，或者说但愿没有窗，然而窗户不正是建筑的灵魂，建筑特征的主要标志，墙面基本而有力的对立面以及无与伦比的光线调节器吗？

解构派建筑也没有屋檐，或者宁愿没有屋檐，它那处境尴尬的屋面通常与墙面用料相同，或者说墙面沿用屋面的材料，墙面和屋顶，四面和顶面之间在美学上没有任何区分。但这样就定义出了雕塑。解构倾向于雕塑，而不是庇护所，铜胎铅皮的雕塑。

但你不会非得住在雕塑里，还要担心是不是漏雨。想想把一座建筑彼此断开的组件连起来的节点罩起来的屋面保护起来的防水板怎么维护！这种防水板的运用有助于结构的抽象和空间的接合，但却与建筑起码的、遮蔽的品质相违，而且这种衔接在建造（它们产生了更多的外表面积）和维护方面都很昂贵。因此，对于亮闪闪的防水板建筑是怀疑的。

有的解构派的建筑更单一，比起城镇，它们勾连得更像浪头淘空的沉船上的疙瘩、肿块和痈疽。但建筑物毕竟不是城市和船只，拿它们打比方都欠佳。对我们来说，用极端形式的表达和对音量和空间的操纵来获得张力和戏剧性，或是从不同寻常的角度安排建筑元素来制造如画式的构图，都太过容易了。我们更乐意于从复杂的建筑项目的矛盾和模糊中获得张力，而不是通过夸大耸动的效果或容纳晦涩的理论。解构建筑让你烦心的方式就像一个疯子。我们宁要受苦，不要发疯。

反对任意的形变，反对把建筑当雕塑

矛盾性在建筑学里源远流长。对建筑的局部间的秩序有所扰动的取向，可见于阿尔瓦·阿尔托的斜角和曲线，或是朝向麦加偏转的清真寺；或是扭转布局以收纳中世纪遗址的文艺复兴时代的宫殿；或更粗暴的做法，在柯布西耶的柱网中的隔墙；或是与大教堂面东的朝向相适应的中世纪城镇布局。

在我们的早期作品中，从北宾州访问护士中心开始，我们就在平面上运用对角线以适应功能、空间或者文脉环境，目睹这一策略成为我们时代的典型建筑要素；但如今的形变猛烈多了，已经成了驱动平立剖的主力。这样的构图本质上并不能说不对，但总的看来都近乎或者就是无的放矢——除非你认为耸动效应、先锋形象和母题游戏的推广堪当决定建筑进程的要素。

所以我们又论回到变成了规则的例外，无据可依的矛盾，取消了不和谐以后一成不变的不和谐，画意的而不是从经验的丰富和多义出发的表现主义——越变越千人一面，如是再三。

建筑师应该铭记，他们是在为直立行走抵抗重力的人工作，他们的建筑不应该只用作为圈内评论家、作家或读者量身定做的私见或奥义的传声筒。事实上，建筑作为艺术中最日常的一种，必须在许多层面上可读，包括大众层面。建筑师如果想做雕塑家，就该去做，但只要有一天还是建筑师，就应当拥抱自己领域的奇妙限制，热爱自己的媒介中固有的局限——偶或为了一项说得通的绝技对抗之，但不是总要跳过所有的限制。

执业建筑师可能必须身为律师、商人、精神病学家和演员，才能找到并开展工作，但这是另一回事。作为设计师和理论家的建筑师，不应该是文学评论家、符号学家、心理学家、哲学家或者模糊处理器——他们应当是热爱建筑细部的巧匠。他们的艺术中的传统一方面不该被嘲笑，另一方面也不该变成怪力乱神；建筑师的职责是引导和跟随。

用作庇护的建筑与解构派城市

既然警觉地目睹过一些新趋向，让我们来宣称我们要干啥。我们论证的积极方面为多个建筑词汇，丰富多样的品位，历史和地理文本，由上下文演变的符号和装饰系统以及建筑师冒着被视为过时的风险所指定的常规的建筑方法。积极的观点认为建筑是住房的基本单元，现在是一个有效解构的城市。最近前往日本和韩国的旅行帮助我们明确了这一观点。

作者注：本书最初发表时，继续描述了我们对日本的最新发现以及我们发现的丰富性，这是一种鼓舞人心的理论选择。我们在文章《两个天真的人儿在日本》中更长篇地讨论了这些主题，所以我们请读者参考那篇文章，任由想象力将文章描画得绝非酸楚，而是同样甜蜜。

建筑师的建筑理论

　　我们在这里试图展开的是传统上由建筑师阐述的那种建筑理论，是向自己和他人澄清自己的工作，有时也用作辩护的手段。我们并不提倡用建筑理论来代替建筑，用弧形概念来代替建筑，用图表和文字来代替建筑，也不推广慢了半拍又大费周章地从"弗搭界"的学科里挪用过来的感知的自负和批判的招数，那些最终只带来了夸张而无聊（而且经常不合理也不负责任）的建筑。建筑不应该是凝固的理论，不应该是理论的受害者而非其主体。建筑不应该是被当权的先锋派的新闻修辞从理论上正名的廉价的刺激和皇帝的新衣的堆积。建筑理论应该直面建筑的基本品质——遮蔽、使用和意义，将建筑看作一个深思熟虑的制作过程，当成一种高难度的工艺，在日常情感的使用和感知中，"为天真的眼睛带来意义"①。

---

① 赫伯特·马斯卡姆（Herbert Muschamp）在《新共和国》（*The New Republic*）中写的。

智慧对潮流：当前美国建筑教育的学术化

写于1995年。

　　一位自矜眼界的建筑系主任屈尊地否认他的学院是一所专门学院，相反，认为那是一个学术部门。那为什么他没当上个主席呢——你听说过英语系主任的吧？你没法儿既要也要。若是他的机构整体还要自称大学，就得有些专业的学院来站台。把建筑教育学术化有多虚夸，正如丹妮丝·斯科特·布朗所指出的[①]：在教育的环境和过程中，如何做和做什么同样重要，而且彼此需要。本·富兰克林在创建北美殖民地的第一所大学时，就曾将"装饰性"和"实用性"统合起来，雄辩地证实了日后美国的理想主义和实用主义的天才。

　　我在宾夕法尼亚大学讲授建筑学理论课程那会儿（《建筑学的复杂性和矛盾性》就是这么来的），那是这个国家的建筑学院里唯一的理论课；咳，如今每个学校都有四门。要记得我说的是复数的理论（实用的），而不是独一的理论（观念的）。

---

① Denise Scot Brown. Breaking Down the Barriers between Theory and Practice [J]. *Architecture*, 1995, 3: 43-47.

远见这回事：为啥它很烂

写于1993年。

跟屁虫谈论新远见让我倒胃口——而且怀疑。

我说，去你的远见，去你的远见领袖吧，远见烂透了。

莫大的讽刺就是那些宣扬和追求远见的人最够不着远见。

远见不是你刻意而为或是大胆一闯得来的。它是间接到手的：不可欲时才可即。

事实上，但凡你有一点迷信，你都会发觉干活的时候越想这回事就越没好事儿。

越用力，就越够不着。远见不是设计出来的。

如果你很乖，你就会专注于眼前的现实和现实中的潜力：你承认眼前的潜力，用感知——也承认眼前的限制，用风度。然后，回看时，你可能就有了远见卓识。

如果你工作起来不是皮里阳秋——也不是见机行事——不是见好就收——而是能坦荡地看到长远，那么你就能取得远见。

真正有远见的人是深知现在的，在这种情况下，了解现在就是领先于现在。如果你能敏锐地处理现在，你就能得心应手地应对未来——这点适用于你对现在及其潜力的关注引发进化或革命行动的情况下。

只有妙手偶得时，真正有远见者才为人所知。回头才能看出远见。要有远见，只能曾有远见。

通常，日后被视为有远见者当时都被当成痴人。

这种创新策略暗含的英雄观通常是虚假的：这个情况里自诩英雄的其实是可怜的弱鸡。讽刺的是，反潮流的人更有可能领潮。真有远见者能真谦退。

追逐远见就像追逐幸福一样徒劳——我要为我的建筑师—哲学家英雄托马斯·杰斐逊一辩，他提出的追逐幸福，在18世纪末的背景下，有效地中和了某些恋栈不去的清规戒律。

高姿态地追逐远见，往往是追逐政治的伪装——或是为了上报纸：小心那些高瞻远瞩的善人。

远见是流氓最后的庇护所，抑或潮流的华丽辞藻？

噢，这个陈词滥调多么虚夸而且乏味啊——我看得到远见如今都成了一个动词！

"名声眷顾不热衷名声的人"——奥利弗·温德尔·霍姆斯（Oliver Wendell Holmes）（尽管今天的公关手段对此能暂时有效）。远见亦然——罗伯特·查尔斯·文丘里（尽管今天的新闻手段对此能暂时有效）。

谢尔顿·哈克尼表达他对远见这回事的不适时，我很喜欢，他联想起了圣女贞德。

顺便说一下，"前沿"和"使命"在今天的滥用下差不多跟"远见"一样空洞浮夸。

"这个即将杀死那个"现在是"那个将成为这个"：关于建筑和媒体的一些想法

原题为"这个将变成那个"（Ceci Deviendra Cela），发表于《莲花》（Lotus）第 75期（1993年2月），第127页。

　　大约20年前，丹妮丝·斯科特·布朗、史蒂芬·伊泽努尔和我出版了《向拉斯韦加斯学习》一书。这本书让当时的建筑权威大为震惊，至今我们还蒙受着倡导庸俗的恶名——尽管书名明明说的是学习——而不是倡导——路边的商业建筑。多么讽刺！今天的建筑权威，或者说主要由今天的媒体鼓噪出来的建筑新潮所依靠的炒作跟商业街的炒作差不多是一回事。在对拉斯韦加斯的研究中，我们关注的是一种表意大于表达的建筑，一种承认象征大于形式的建筑，这种大胆的品质已经从远处移动的汽车对感知效果的需求（以商业标志为媒介）中得到了证实。我们相信，对建筑学而言，这是比今天一月一度引你注目的期刊页面更有效的基础，那些剪裁滑稽、色彩华丽、角度刁钻的照片俨然成了建筑存在的终极意义。

　　更讽刺的是，这种建筑的现代风格学基础——理论成了解构主义——其语汇出自20世纪二三十年代建筑对装饰性走了样的复兴，最初的源头来自乡土的工业形式，背后的清教徒式美学又来自于功能和结构"诚实"的意识形态——纯粹主义和极简主义。今天的装饰性的解构主义桁架五光十色，斜撑杂陈在印花图案的柔色面板之上，呈现出一种清教徒女士涂着口红大跳康康舞的画面。

　　与炒作新闻式的建筑图像一样讽刺得可悲的是其节奏。今天，建筑流派和风格的演变速度遵守高级时装的规律，时尚一季一换：你可以在几个月内设计、缝制、打模、营销出一身堪称艺术品的女装，然后不出几季就会淘汰。作为一种艺术，建筑在其尺度下可以有装饰和具表现力的元素，但其本质仍是可建造的、有意义的住所，作为生活的背景。它是一种昂贵的媒介，在结构和对功能的适应上很复杂，而且要建造得物理形式上持久，但同样重要的是，在其审美感知上亦然——当你在其中生活、工作和表演几十年后，你不会对它感到厌倦：它不是一套衣裙，一场潮流。建筑的变化速度，典型而又自然地，就应该是演化的而不是革命的。

那么，把建筑当成庇护所而不是照片，当成背景而不是背景板——服务生活而不是戏剧，让建筑以自然而不是时尚的节奏，在空间而不是书页中演进，由专业人士而不是号称建筑师的记者创造，怎么样？让我们建筑师顺应我们的客户——我们的社会——而不是我们的自我和媒体。

我一直在讲述当今盛行的记者型建筑师，但也有建筑记者。前者声称是为社会服务的专业建筑师，后者声称是为他们的主题服务的专业批评家，但两种情况中的新闻任务都是以牺牲主题为代价来夸耀聪明——他们越是居高临下，因人设事，故弄玄虚，效果越好。归根结底，今天的批评家不再是批评家，而是意识形态和他们自己的聪明头脑——兴许也是他们杂志的拥趸。

这种不绅士的做派在美国批评界是新鲜事，在英国就不新了。美国批评家在别的方面也在变成英国人——把缺乏教育带进自己的主题，还在夸夸其谈奥义和典故的写作中暴露出来。但美国人还没到英国批评家的极致，他们对于建筑是复杂的，不能代表单一、绝对、意识形态的立场一无所知；对英国建筑批评家的最好描述，是复活那个古老的用词"未开化的"。

这一点我们是通过最近在英国工作的体验了解到的，其实出现很久了。让我秀一下学识，以约翰·罗斯金论批评家的一段话作为结尾，他们应当受到"更多的尊重——对不加掩饰的、无望的、无助的低能的尊重。在他们弱智的纯真中，存有一些高尚的东西：人们不能怀疑他们的偏爱，因为这意味着感情；也不能怀疑他们的偏见，因为这意味着他们曾对自己的主题略知一二。"①

① John Ruskin. Modern Painters. New York: John Wiley, 1860, 1: 13.
Milton Esterow. Have the Critics Become Meaner? Yes, No, Maybe [J]. Art News, 1992, 4: 91.

致《建筑评论》编辑的信，1987年2月17日

威廉·柯蒂斯（William J. R. Curtis）对第三届阿迦汗奖评委会评选结果的气急败坏的评价，读来令人痛心。

　　评委会的阵容是一个恰当的参差个体的组合，总的来说，能齐心协力，相互倾听，在讨论和遴选中有度有量地相互影响。这是因为他们不是从意识形态出发的。他们处理手头的特定材料，并承认涉及美学、技术和社会问题时看法之多样。评委会的最终决定不是基于类型、数量或奖项分布的预先配额——对应该如何的若干看法——而是基于提交材料的基本品质。这种明察秋毫的做法最终会提高阿迦汗奖（Aga Khan Award）的地位，而不是削弱它。

　　柯蒂斯先生对评委会的审议情况是知情的，因为他以一个评审项目研究倡导者的官方身份参与了评委会的最后决议。

　　鉴于他在程序中的角色，我认为柯蒂斯先生在撰写评论时滥用了特权信息。例如他不该像他所做的那样透露我对巴基斯坦布恩清真寺的个人立场。既然这样做了，为了公平，他也应该指出，支持塞丹·艾尔登（Sedad Eldem）在伊斯坦布尔的社会安全综合体的报告的一大部分是我为评审团撰写的——这无疑是他所力挺的现代主义的一个例子。顺便说一下，这座建筑在之前两届评选中都得到了提名，但直到我们这届，也就是第三届评委会，才认为它有资格获奖。说实话，我同时欣赏艾尔登的建筑和布恩清真寺，承认一个在形式艺术上的老辣，另一个在大众装饰上的鲜活。两个项目我都支持，因为我相信，本来就已多样化的伊斯兰建筑传统如果要丰富而切题地继

续演进，应该在我们这个复杂的时代兼容并包，有高雅也有鄙俗，有聚焦也有广角。

柯蒂斯先生似乎为自己的意识形态和狭隘的品位所蒙蔽，变得有几分怨世嫉俗。对于伊斯兰建筑，他的文章就算没有识见之精，也展示出了知识之博，然而他的方法却是简单化的，这最终会限制蓬勃兴起的新伊斯兰建筑的类别，削弱它们的活力。

我希望《建筑评论》为公正起见，即刻发表第三届阿迦汗奖评委会的报告。

顺便说一下，是评委会而不是指导委员会向荣誉奖获奖项目推荐的奖项。

致丹佛艺术博物馆设计和建筑部主任克雷格·米勒的信

写于1992年。

亲爱的克雷格：

我可以就《新周刊》（*Neos*）对我的演讲的评论私下作一个回应吗？希望我所写的能有所解释，也是对作者居高临下的论断的宽恕。

第一是内容：作者遗漏了我的论述中将尺度和象征当成建筑和城市形态中纪念性要素进行处理的重要章节——后者对于我们建筑师面对"抽象表现主义"之后的现代主义关系甚大。作者还为我"盛赞商业街"感到不快，却没有发觉，即使是丹妮丝和我在1960年代末"学习"（而非提倡）的拉斯韦加斯商业街，与该作者今天以其明智所吊诡地包容的众多炒作时髦、有时名为解构主义的建筑相比，都可以说是口味很轻的。

第二："不幸的是，他剩下的多数讨论都偏离了公共领域的议题，似乎是在推销他的个人利益，为了未来可能获得的委托。"什么鬼——即使像H.H. 理查森那样的贵族——第一个留学巴黎美院的美国人，说的也是"建筑师第一位的原则是找到活儿"。而且我认为我已经就展示我们的作品充分地"致歉"了——在反差鲜明的市政环境中有着恰如其分纪念性的建筑——当你邀请一位执业建筑师来讲课时，你想听到什么？但这就是关键所在——我们应该记得起来，在如今的建筑教育和新闻界，理论在场，建筑不在了：如今，建筑理念（arconcepture）被作为凝固的理论。

对如今饱学的理论家型建筑师而言，另一个讽刺之处是他们其实教养有限（有个关于塞巴斯蒂亚诺·塞里奥的用典除外）。作者并不知道，1960年代初在宾夕法尼亚大学开课（《建筑的复杂性和矛盾性》就是这么来的）时，是我直接参与推动了我们这个时代的历史—理论趋向。就我所知，那是当时国内建筑学院唯一的理论课程。现在钟摆又摆到了另一个极端——再次感叹：任何在极端之间求平衡的态度，如今都岌岌可危。

祝好。

给一位建筑评论家的未发出的信

写于1990年。

　　你还是没明白，建筑评论家接收所评建筑的建筑师提供的照片和图纸资料，用以配文——这是惯例，也是礼节（顺带一提，评论家在文章标题中提到的也是要评论的建筑，而不是借以宣传的论点）。但去年春天，你在评论费城管弦乐厅项目时，用一张粗制滥造的图代替了我们的精美的效果图。你会像往常一样，屈尊地表示这是由于我们事务所出的图对于报纸制版来说单纯地不适用——然而《纽约时报》去年印刷我们为这座建筑出的夜间效果图时都不成问题，再之前复制我们为伦敦国家美术馆赛恩斯伯里展厅出的精妙效果图时亦然。尽管你们也拒绝了这张效果图，伦敦等地的报纸都毫不犹豫地、掷地有声地刊登了它。

　　现在你们把我们的宾夕法尼亚州临床研究大楼——合情合理地请专业建筑摄影师拍摄的照片——替换成你们派到现场的新闻摄影师拍摄的明显抹黑的照片，在一个阴天里从一个烂角度拍摄，以最后一刻才加到建筑身后的公认的破桥为看点，还把隔壁一个摇摇欲坠的临时建筑围栏照了进来，它占据了你们镜头的前景，挡尽了我们建筑的底座。把你们的摄影师派去拍罗马国会大厦广场，拍出来也会像个假日酒店；如果你要展示建筑，建筑艺术就得跟摄影艺术相交融。如果你要从艺术上评断我们的建筑，那就得把它当成艺术来对待。但更重要的是，你不要为了言之成理而作弊。

你的用词和配图原来是恶意中伤，我指的是你在文章里居高临下地对待你的社区里一位严肃的，其事务所以品质、独创和影响而知名的建筑师的工作，我指的还有你对我们本地的杰出学府——宾夕法尼亚大学的学术风范所作的不负责任、没心没肺的评判。

事实上，如果你的文章做不到坦率地批评，那么一篇浅显的新闻报道会比一篇装腔作势的论说更可取。你没说错，我们的新研究大楼是与理查森医学研究塔楼不同的建筑，我在电话里是这样向你比较的：我们的建筑更多的是在参照几个世代以前，出自科普和斯图尔森事务所之手的宾大医学院大楼所代表的通用阁楼的传统。在路易斯·康的建筑中，你所推崇的那种雕塑感的统一处理和表现主义的纪念性对今天的环境和今天的学术界来说，已经变得明显不再适用。你所赞扬的品质恰与研究实验室的功能和方案要求背道而驰，将它们塞进形式和修辞的紧身衣里，把工作所需的动态机械系统的空间灵活性降到了最低。理查森医学研究塔楼作为一种形式的主张是饶有意义的，但对一个有实际用途的场所而言，却是一场灾难。

但是，同样重要的是，这种建筑作为研究的环境会影响工作，你把外在形式"纪念化"，就会分散里面的人的注意力。艺术家乐意在阁楼中工作，不是因为租不起纪念碑，而是因为在别人的杰作里很难出杰作；大多数创造性的工作者亦然，不论科学还是艺术。而科学家和艺术家一样，都是劳动者，而不是牧师，他们需要的不是在大教堂里举行仪式，而是在阁楼里工作——一个认同劳动尊严的场所，而不是一个诉诸象征和尺度，滥做纪念碑的舞台。

对于创造性工作，你有很多要了解的。这种工作需要专心致志，避免分心；需要物理上灵活、心理上不压迫的环境。灵感也很微妙，当你幸运地找到它时，它更少地来自崇高的环境，更多地来自你的内心——依旧是来自你专心致志，然后在工作和想法的进程中取得动力的能力。我们的工作策略认同九成的汗水；正如你说的"赞美学习"，但也容纳工作。

通用阁楼作为一种建筑传统，除了科普和斯图尔森事务在宾大做的医学实验室外，还包括工业革命早期的新英格兰地区的工厂、密斯为伊利诺伊工学院校园所做的工作，甚至其原型——意大利宫殿。你所说的"高贵"不已经在拿骚厅和达特茅斯厅的阁楼建筑中实现了吗？尽管你会说，它们那"方盒子的"形式"平平无奇地"表现出了"志得意满的倾向"？这些建筑中的每一个的品质都毋庸置疑，不是夸夸其谈，而是庄重高贵的，用作学术机构的一般工作场所是合适的。

正如我在别处说过的，我们在临床研究大楼的设计中运用的是模式，用以增进丰富性和尺度；这个要素取代了另一座灵活度不够而"纪念性"更强〔原文如此，千真万确〕的建筑的雕塑化、结构化的贯穿处理。外墙布窗的微妙节奏及其微差的例外，产生出张力，由小及大的尺度游戏，创造出层次，提升了风貌。

现在不要说我接受不了批评，这是我第一次也是唯一一封写给批评家的动肝火的信。实际上，我很享受发扬风格和老练而非矫揉造作、居高临下的批评——一如一位英国批评家对我们在伦敦的国家美术馆扩建工程的评论中所表现的铿锵有致："我们反而收到了一件庸俗美国版的后现代手法主义拼凑画。"还有这个怎么样，把我们同一建筑所做的立面花里胡哨地描述成"风景如画的平庸无奇的烂泥"？甚至还被评论"那些美国蛮族——文丘里、斯科特·布朗、跟屁虫和合伙人……来欧洲随地小便"。

下一次争取少点煞有介事，多点深度，不然就找个旗鼓相当的过招——我是说小虾米。

谨致谢忱。

我爱圣保罗大教堂

原文发表于《建筑设计》（*Architectural Design*）简介105（1993年9/10月），第7–12页。

　　恐怕我要忍不住回应一篇文章，其内容和风格完美地体现了英国建筑批评的症结。该妙文刊于一本严肃杂志（《建筑设计》，第62卷，第7/8期，1992年），题为"我控诉圣保罗"（J'Accuse St. Paul's），我也忍不住为自己的回应起了个同样造作的题目。我不是作为一个学者或是历史学家，而是作为一个具备合理的审美感觉和教育背景的执业建筑师来写的——英国的批评家在此方面似乎很匮乏。我大段引用这篇文章是因为我认为，用他们的说法，他们的自以为是会把你逗笑。

　　引言把该文定性成对圣保罗大教堂的——"高度个人化"——而非高度任性且语无伦次的看法：

　　　　记住这点，这座尤因家（Ewings'）[①]（原文如此）在南福克的大型电视牧场，不过是个银幕造景师布的景。对一个预算不足的英国国家歌剧院的工装普契尼来说，没完没了的低幼肥皂剧背景可不是个好设置。

[①] 尤因家族（Ewings'）是美国黄金时段肥皂剧《达拉斯》中虚构的家族，拥有并经营南福克牧场和石油巨头尤因石油公司；但原文将其写成了单数（Ewing's）——译者注

我在达拉斯的朋友证实，南福克（Southfork）是一个真实环境中的真实建筑，但即使作者不那么粗心断言，舞台剧的布景又有什么问题？更重要的是，建筑作品中的戏剧性姿态又有什么错呢——如果我能预见到该批评家居高临下地提到圣保罗大教堂中殿旁众所周知的假立面的话？这种姿态中固有的师老兵疲、抠字眼式功能主义的现代主义观念蔑视了西方建筑精华所在的修辞维度，无论是罗曼式、文艺复兴式和巴洛克建筑的假立面，还是美国西部城镇的假店面。

……无数的乡村音乐低音歌手梦回加尔维斯顿、亚利桑那的凤凰城和塔尔萨——无论自己身在何处……

说到达拉斯，它拥有的可不止尤因、牛仔靴跟10加仑的帽子。正如奥利弗·斯通最近用电影灌输给我们的那样，它还在1963年11月22日暴得大名。

……在那个致命的日子，肯尼迪奄拉着半拉脑壳栽进西方自由世界的大众情人杰姬的怀里，是她发明了双扣西装讨喜于模范的雅痞人妻……

"不善交际、浮华得天真的肯尼迪（Kennedy）"，这位作家后来这么叫他。这一连串的居高临下又自命不凡——粗俗无文、无关紧要，即使在英国新闻界的标准下都反美得令人厌烦的行为，是这么收尾的：

[温斯顿·丘吉尔]那庞大的尸身……

……庄严地运往圣保罗大教堂[随后落葬]……最终证实了在将大教堂确立为英国民族主义的标志而非建筑作品时，丘吉尔的角色……他……并不热爱建筑。政治家们……很少如此[难道不是丘吉尔说的

"先是我们塑造建筑，然后建筑塑造我们"吗？〕……在圣保罗的建筑师克里斯托弗·雷恩爵士失败的地方，希特勒的战争机器获得了成功。闪电战的火焰和硝烟把一个没人待见的大块头变成了民族主义和抵抗的有力象征。

在对南方乡村音乐、南福克牧场、肯尼迪的遇刺、丘吉尔的葬礼、一场大婚礼（这是后话）和一座巴洛克式大教堂之间无奈、无稽的勾连感到惊奇过后，接下来你还会大惑不解，你会发觉作者将这些"都市传说"与圣保罗大教堂混为一谈。

好吧，如果你非要这么说，把圣保罗大教堂称作"没人待见的大块头"也是违背史实的。诚然，任何有300年历史的艺术作品都曾在品位的循环中有屈身失宠的周期，然而这座建筑的设计的广泛影响是众所周知的，例如高度独创的柱廊鼓座，产生出完美的漂浮穹顶，是雅克–热尔曼·苏夫洛（Jacques-Germain Soufflot）的巴黎万神庙（最初是圣热纳维也芙大教堂）穹顶的灵感来源，从而代表了英国对法国建筑的重大影响，也许是英式花园之前的建筑史中的唯一影响。在美国，同一种构图形成了典型的州议会大厦的鼓座和穹顶以及国会大厦本身的原型。

在冷嘲热讽地概述过雷恩在解剖学和天文学的成就之后，作者继续道：

> 然后是建筑，文艺复兴开胃品中缺失的成分。借助石匠的技艺把数学和绘图技术应用到建筑艺术身上，是相对简单的。雷恩给出逻辑和学识，石匠们懂得怎么把它们合在一起，再用尽最时新的细节来锦上添花。

鉴于该作者明显缺乏学识，他对此在建筑学中的作用的低估就好理解了。接下来：

他吸引了最优秀的赞助人，获得了最重要的委托——家庭背景……捧红的他。

我可不可以提醒一下作者，如果没有"家庭背景"、非凡的运气或任何别的弥补得了我们出道时经验不足的手段，我们建筑师能有多少人能起步？

他结束了自己作为社会异类的日子……大教堂若没完工，他坐在中殿里只会无人问津。

可以肯定的是：他是一个在英国干过的优秀建筑师。

多年后的今天我们所看到的，并不是它本来的那样，不是我们想的那样，也不是它应该是的那样。1992年1月14日星期二，《我控诉》：

紧接着如按摩浴般的控诉——名副其实的泡泡浴，让人怀疑1992年1月14日星期二是否会载入历史。罪魁祸首包括："威尔士王子与公主的婚礼……好莱坞的规模，不差上下的戏剧布景。"但主要的靶子还是圣保罗大教堂：

它那夸大的声誉严重损害了这个国家的建筑健康。
……事实上，它就是一个二流建筑……
……首先，它是不诚实的建筑，是伪装成真正的古典主义的中世纪垃圾。伟大的建筑是真诚的，而圣保罗大教堂具有的建筑的真诚，就像迪斯尼乐园的城堡或大剧院的布景一般多。其次，对于那些想用圣保罗大教堂发力，把英国拖入僵化的博物馆文化的人们，我很关切。

呀！这就来了，英国批评家的诅咒，美学的信仰：在这种情况下提倡天真的现代主义，惹人烦地要求表现主义的真诚，以取代审美的感觉或者对建筑意义的关注，加上一截阴谋论，再加上一抹永久的反美色彩。

雷恩（Wren）决心让自己的穹顶独霸伦敦的天际线……

所有格的使用暗示了设计师的自我。然而承认建筑物之间的等级，尤其在大教堂的设计之中，并不一定意味着自我主义；相反，它符合文艺复兴和后文艺复兴时代城市的实践和既定惯例。

接下来是一场"暴露"，一个20世纪小报丑闻在建筑上的等价物：

但他设计的这种尺度和形状的穹顶显然承载不了顶上光亭的重量，所以这个平面涉及一系列骗局。从外面看，有一个熟悉、巨大、鼓凸的圆顶，用铅覆盖，显然在支撑光亭。但在表皮之下，事情并不像看起来的那样。铅皮穹顶置于一套木制隐架之上，更像一套舞台道具，使穹顶成了纯粹的演戏。

我们又碰上了——"舞台道具""纯演戏"。这位批评家未能认知到形式与象征之间的矛盾，这些矛盾在一座层次丰富的城市建筑中是不可避免的，效果包含了张力和深度。我也曾希望《建筑的复杂性与矛盾性》能帮我们的时代确定下来：外部可以不与内部相一致，并且当城市环境对"外部"提出了有特别意味的要求之时，二者间自然存在的矛盾能够在建筑中得到承认和包容。

然后是更多的义愤填膺：

……又是一个穹顶……用砖和石头以锁链绑成……来承载……上方的光亭。

哼，你咋不责怪米开朗琪罗在上一个世纪对圣彼得大教堂是这样做的，就像弗兰克·劳埃德·赖特好久以前做的那样？然后：

> 这第二个内穹顶甚至还不是你从大教堂下方看到的那个，造假造得越发严重。

噢，天呐！可这些一旦解构与其象征抵触就把它掩饰起来的前现代人，按理也没有比那些为了用鬼鬼祟祟的象征效果替代装饰，就充胀、扭曲和卖弄结构的新现代人差到哪去。

> 然而又是一个穹顶，一样的机巧，一样的虚假，来掩藏如此这般的结构的必要……真是令人难以置信的失望。雷恩的大穹顶最终沦为……愚弄眼球的……视觉骗局。

再次说明，用多重穹顶满足内外不同的感知需求的做法源远流长且值得尊敬：当你声讨圣保罗大教堂的穹顶时，你也在声讨之前200年意大利和法国的建筑。鉴于拉斯金的反文艺复兴的偏见，他也可能这么做，但他会知道最好不要单挑圣保罗大教堂。

所以，不好意思，这种早已声名扫地、过时、天真、现代主义、死抠字眼的"诚实"中，隐藏着多少乏味透顶的假神圣？欺骗眼睛就是视觉艺术的题中之义：你也要谴责那些挑剔收分线的希腊人吗？

> ……穹顶的困境还没到头。
>
> 雷恩不得不对不可折中的折中——在一个拉丁十字上加盖穹顶。当然，这并不奏效。

他又一次把雷恩说得好像是个难得的恶人，而不是众生中的一员——呕，真是缺乏教育！你听说过佛罗伦萨的伯鲁乃列斯基（Brunelleschi）吗？他的大教堂确立了文艺复兴式教堂的通用形式，就是在拉丁十字上扣一个穹顶。圣保罗大教堂在意大利和法国有着200多年的先例——让我再提这些显而易见的事情，我都觉得尴尬。

作者一再地说十字交叉点的拱腹笨拙，用了"不舒服"跟"没见过"这样的词，但那个著名的布局笨拙吗？或许很复杂。看起来手法主义的模糊多义超出了这位批评家的理解力。我自己但凡有机会就会去参观这座建筑那谜一般的交叉点，品位它的张力。我想到本杰明·富兰克林（如果我可以暴露自己的美国色彩的话），据说他曾说过："美不在于完美，而在于知道怎样做设计，使得不完美之处无足轻重。"

然后是西边的正面，它

本该是一座古典大门廊，有着壮观的山花……可是我们得到的是什么？一个两层的入口……未能应对彻底的古典主义的挑战？

——管他什么意思呢。然后，得意洋洋地：

把戏是从屋顶暴露的。中殿两侧的墙壁完全是假的［而非似是而非的？］。它们在那儿只是当作一道屏幕，一个立面（？），以掩盖真正的建筑，这完全是一个有着飞扶壁的中世纪建筑……雷恩只不过是把他的中世纪建筑乔装打扮成了"古典行头"①。

_____

① 这是在嘲讽原作者的堆砌用字。——译者注

又来了，这种过时的批评，多么乏味！建筑不是（不可能是）结构的同义词，除非是简单的构筑物，像谷仓和厂房。我以为这在20世纪50年代就已经讨论透了。到如今，我们就不能再度允许容纳仪典之用的建筑有修辞的表达吗？

还有：

在其生命的前200年，这座大教堂无人问津、无人看重，始终受不到尊重。

在英国，也许吧；英国以外的地方都充分认识到了它对宗教和民用建筑的穹顶的显著影响。

还有：

维多利亚时代的人对这座建筑不屑一顾地在路德盖特山脚下"咣"地架起了一座铁梁桥。

我本来以为，在审美上拥抱劳埃德大厦的人看来，在犯罪现场架设一座结构性建筑，会是对圣保罗大教堂的补救。

全世界都对劳埃德大厦惊人的创新肃然起敬……

——可以说这代表了对机器美学打底的表现主义特技最迟钝的反应，后者源于俄罗斯的构成主义语汇，二者都可以追溯到20世纪20年代。一个人但凡对历史略知一二，没有受过意识形态的荼毒，都不会把那个建筑称作"惊人的创新"——并且我相信，世间也总有些人对作者提到的其他新现代主义作品并不"肃然起敬"。

我们英国人都有理由对詹姆斯·吉布斯的不朽纪念碑——圣马丁教堂引以为傲……或者另一个……圣乔治（St. George's Bloomsbury）教堂，出自尼古拉斯·霍克斯莫尔——雷恩的学生。

追随者的作品往往比大师的作品更甜美——更少汗渍——但是即使圣保罗大教堂没有盖棺定论，也并不意味着它就比伯尔尼尼的"柱廊大广场"①（原文如此）那样的伟大艺术逊色。

打起精神来吧，我们快读到头了：

目睹圣保罗大教堂如何化身抵抗现代建筑——在我看来及于整个现代世界——的象征，真是引人入胜。

然而偏爱"现代世界"，并不意味着不能喜欢旧的。

总而言之，这种扭曲和自命不凡的意识形态论证是可悲而且乏味的，它取代了代表建筑批评实质的知情分析和明智发现，而且没什么依据：我们这个时代所捍卫的"现代"建筑，已与现代相去甚远。新现代主义，就其目前的形态，与激动人心的现代主义截然不同，后者在早期为英国工艺美术运动增光添彩，20世纪20—50年代盛行于德、法、美。而该批评家所推崇的世纪末的现代主义不是一种颓废的复兴，就是一种落后的残存：工业革命早已退潮。

讽刺的是，先把雷恩悬在一个历史真空里，再把所有黑锅给他背，结果似破实立——暗示他是史上最独创的建筑师之一，即使最无耻！

另一个讽刺之处是，英国的评论家，即使是保住了历史视角的那些，似

---

① 此处讥讽原文作者对于圣彼得广场那样的巨作，也只认得"柱廊"。——译者注

乎也理解不了以手法主义彪炳英国建筑史的英国式的天才——在其哥特式风格的演变中，在其伊丽莎白风格的奇思妙想中，在伊尼戈·琼斯、雷恩、吉布斯、霍克斯莫尔、亚彻、亚当、索恩、"希腊人"汤姆森、麦金托什和勒琴斯的作品中——手法主义要么出自天真，要么出自老辣，有时还两者并蒂。

最后，醒醒吧，长大吧。被当成最新事物提出来的观点其实过时了——在20世纪末宣扬一种从19世纪的构筑物里来的简单化的表现主义。我说，要继续丰富多于简素，模糊多于清晰，象征多于形式，还暗示说——大量的建筑词汇用以容纳适应我们这个时代的多种文化。而这位英国的左拉并没有人家的分量，也没有人家的名气。算了吧！

格言与杂录

逆耳：警句——一位反英雄建筑师的苦与乐

写于1990—1995年，有些格言出现在《大街》*Grand Street*，总第54期（第14卷第2期，1995年秋）。

有效的咆哮

行善就要有代价。

我总是与时代脱节。

从局外人变成过时货——从愣头青变成老顽固。

如今的双重诅咒：一个建筑师的作品既有手法，还有风度。

作为一个天真的创客，我该不该投降，变成一个愤世嫉俗的记者，狂热的官僚，抑或自大的学者？

我是个暴露癖：我到处曝光我的疑惑。

做人我玩世不恭；做艺术家我一片赤诚。

做个好样的要比做个无名小卒要好——我这么想。

不出十年人人有份的情况下，不从众不易。

从来都没想法的人唯恐你不能一个月出一个新想法。

做的是论证而不是设计，这有多可悲！

为什么我们还是在证明而不是生产？

我们年轻的时候，只需忍受正襟危坐的进步的现代主义者——现在我们不得不忍受倒退的历史主义暨保护主义者，纯粹主义的城市规划者，或者建筑上自我中心的表现主义者。

请挑战我，不要骚扰我！

我要放弃做个至善论者；没人能够分辨是非，却总有人罚你没做对。

我们处在没人有分辨力的行当里。嘻！还是去做运动员吧，那里的成绩衡量起来多简单。

为了进步10%，你必须尽100%的力——而他们最终也看不出区别。

进步很大程度上就是周末加班的事儿。

无情的媒体：一旦面世，你就覆水难收。

要是我们在20世纪末有空写作，我们不会写那么多。

我要不是偏执狂，我就得疯了。

我要发光，我就需要反射掉一些光。

我是不是在诉苦发酸？——是的，但也有甜，因为酸甜搭配才犀利到位。

如果你有活力，古怪一点也挺好。

在美国，你可以告诉工人，他们是谈笑风生的人，而顾客是烦人精。

我们爱慕意大利的理由更该是米开朗琪罗，还是卡布奇诺？

没有哪儿能比得上罗马。

建筑师万岁！机会主义者没份儿。

建筑需要一心一意——还有汗水。

我是那个无足轻重的书呆子吗？

请记住，我的肯定是对我的否定的补足，而且我愿它能拥抱智慧。

炒作评论家：新闻业

记者喜欢壮观的建筑：这让他们的工作更容易。

不再是什么东西好，而是什么东西新。

我们不是标新立意，我们是好。

好胜过独创。

如果你独创，你就优秀，如果你离经叛俗，那你是个天才。

出个独创想法不难：你得流汗把它做好。

独创好，做得更好。

要努力做到好，而不是市面上的先锋派。

为善，就是找麻烦。

区分好人和庸人的一个办法是看他们有多大的麻烦。

好的艺术不会在当代人见人爱：关键在于对的人是否反感？

人以树敌而知名。

出演批评家时，可当心你舔的红人儿。

官方没认可的未必是呆瓜，官方认可的也未必是呆瓜。

有时迟来的才先锋。

20世纪末的答案包括如下种类：①没有答案的答案；②表明你问得不对的答案；③表明你问得一目了然的答案。

"当然如此""当然不是"的这代人打起交道来不是团结协作，而是争风头搞对抗。

记者型批评家——刺耳又乏味。

提议：建筑师们搞一个批评家的评级系统，评估其愚蠢、疯狂和/或刻薄的程度，令其冷嘲热讽、居高临下和缺乏修养的指数与成熟指数成反比。

愚蠢、疯狂、卑鄙——你可应付得来任意两种的组合，但应付不来三种。

如果英国评论家不喜欢你的设计，这可不等于说它一定好。

"费厄泼赖"是英国人出于必要发明出来的，他们必须把不自然的东西表达出来。

致居高临下的批评家：在你这个年岁，我已经把建筑学扭转了。

建筑的理性高于新闻的感性。

打倒投机建筑学——只为登上建筑杂志封面的设计。

批评可以创造出理智、理解和知识，还有复杂的中间立场的壮观合流，而不是简单化的极端，最终变成意识形态的表态。

服务于评论家利益的评论，既促进不了理解，也增强不来感性。

评论家不是评论家，而是意识形态的传声筒——通常情况下。

评论家玩的是进球，不是评估艺术。

故意的误解可谓一种评论技巧。

如今的人们对于建筑知之甚少了——它的艺术，它的艰辛，它的微妙。

绝大多数好艺术一开始都不讨喜——甚至米开朗琪罗的《上升基督》也有这个问题。

我爱死了这档事，有评论家指责你没这样那样做，而你偏偏是最早提出这样那样想的那个。

我们的建筑总是转瞬即逝，于是就不堪评论。

炒作理论：先锋派

（抄袭工厂的）现代派从浪漫主义运动中学来的这股子艺术创意是怎么回事——当时的建筑史上充斥着：庄严的英国哥特式源出法国，庄严的法国文艺复兴式源出意大利，庄严的意大利文艺复兴式源出古罗马，庄严的古罗马建筑源出希腊。而我们的建筑为什么不能源出多元的当代，代表它所有的复杂和矛盾？

今天的先锋：出奇比传统更容易；人人皆知先锋是好人——就没人发觉先锋其实是后卫吗？该让先锋惊艳了吧？

如果你是真正的先锋，你自己是不知道的。

先锋都变成救火员了。

打倒那些自诩学术部门而不是专业学校的建筑学院（你听说过英语系主任的吧？）——这种自命不凡的新现代趋向，讽刺地与现代建筑的理想相违，也否认自身所处机构的实质。要记住，本杰明·富兰克林对大学的定义是拥抱"装饰性和实用性"，既承认为什么，也认可怎么做。

终归是专业艺术的建筑学妙极了，终归是学术分科的建筑学烂透了。

通识教育——不是意识形态的灌输。

终身聘任制使人死气沉沉——鼓励的不是表达的自由，而是免于责任以及创造的自由。

理论热，热的是走马灯。

当心意识形态：别沿着自家观念走太远。

为了艺术的理论和为了理论的艺术，后者通向意识形态。

学术现代派正被兜售弗洛伊德式的超现实主义——在雅克布森式的语义学（25年前）和德里达式的解构（10年前）之后——哦，为了我们这个世纪末，为建筑而建筑的建筑。

真正的后现代接受的是再现——而非复制。

好建筑对尺寸和想法都是精益求精。

相信你的直觉，而不是他人的观念。

自然而来的复杂性，而不是意识形态导出的复杂性，万岁！

我任何时候都宁选俗的不选装的。

作为高难度技艺，而不是哲学怪念头的建筑学，万岁！

当心凝固的理论那种建筑学。

当心引用复杂哲学又力推低幼联系和浮夸类比的那些建筑师。

丰富的现实对单一的观念。

如今上帝不在细节之中，只有意识形态在概念之中。

意识形态是恶棍的最后庇护所。

观念堆积出来的建筑没什么用处。

建筑的复杂性和矛盾性是务实的，而不是意识形态的。

理论不应该成为艺术；艺术不应该成为理论。

从前的问题是建筑师读书太少——如今是他们读多了（或假装读得多）。

30年前，谢尔盖·切尔梅耶夫称我为"混乱宗师"——他一无所知。

混乱为宗的建筑方略打动了若干人——胁迫了所有人。

彼得·埃森曼说他最好的想法从淋浴中来，从没读完的书里来的吧？

铭记我们美国的天才们——爱默生、梭罗、林肯、海明威的那些平实的话语和务实的内容吧——那是洒了香水的排泄物替代不了的。

要是你读得懂我写的，我很抱歉——请不要对此有意见。

你理解不了的就意味着很深刻？

暧昧而不是含糊。

要做所谓的签名式建筑，有个方法不那么离谱：用霓虹灯把建筑师的签名横跨立面——至少它的自大只有在入夜后才暴露。

今日的商业电子美学不比彼时的工业机器美学差。

我们乐意承认两样事——庄重的平凡和鲜活的庸俗；要是你先锋，接受不了我们不意外。

艺术中的模糊性好，理论中的模糊性坏。

个别的例外可爱，滚滚的例外可恶。

小心那些还没接招，就先标榜眼界——接着推销其观念的人。

炒作的建筑——解构派

我们这个世纪末的颓废风：摩登装饰风（Mod Deco）。

摩登装饰风同艺术装饰风（Art Deco）一样，都是最后一口气——讽刺地装饰性地袭用国际式，而不是巴黎美院的词汇。

据说今天的新现代语汇或解构主义语汇代表了复兴——国际式，后者源自20世纪早期的工业方言，在后现代的背景下自动成为风格的一种——同时还容纳了今天的炒作敏感，鼓吹把朋克蓝桁架当贴花用，把地板和墙搞成坡道：它从炒作形式而不是商业符号上，分润了拉斯韦加斯的庸俗——这代表了今天讨巧的英雄姿态——唤起的是以塑料造神的普桑式风景画抑或田园牧歌式的迪斯尼乐园的画面。

今天的现代主义是一种风格再现。

晚期现代主义——就像晚期英国哥特式——可称之为现代盛饰式。

从浮华哥特式到浮华现代式。

从素混凝土到杂烩金属。

上色重装的国际式。

从晚期现代主义的单调枯燥到新现代主义的单调炒作。

当今从CAD线框图像出发的美学或是从钢桁架形象出发的美学——在离题万里上有何区别？

难道应用钢结构在美学上不是个矛盾体，即使在我们的后密斯时代？

外皮贴的工业框架，哪怕调色调得再欢快，看上去还是一股虐待狂味儿。

作为一种建筑材料，裸露的钢不比砖的历史意义更少，也不比砖更切题——却更难维护。

今天的工业洛可可风格，张拉索居多——谢天谢地，还没出现铆钉作装饰的铆钉复兴。

为什么解构派不承认工业洛可可是变态的装饰？

那些被有装饰的棚子冒犯到的批评家们，在必搞斜地板、歪窗户和装饰性桁架的结构表现狂面前，眼睛一眨不眨。

用图案作装饰并不比用框架作装饰差，而且造价更低，更好维护。

用饰品来装饰住所，强过用工程来装饰。

基本的住所，而不是装饰的构架，万岁！

我们不在自己的建筑里暴露机械。

怀旧的工业风跟表现主义的技术形象，呵呵。

宁要痛苦，不要疯癫。

例外就该是例外。

例外证实而非制定规则。

有意为之的例外是自相矛盾的。

当矛盾变得一成不变，例外变得有意为之，就要当心。

炒作，就像不和谐，是容许的，但非全部。

处处高光等于没有高光。

一成不变的不和谐创造的不是困难的整体，而是乏味的混乱。

就像充满矛盾就显不出矛盾，充满暧昧就显不出暧昧，充满不和谐就显不出不和谐。

建筑不是唱个没完的咏叹调。

按自然的节奏真实地演进——而不是用炒作的速度耸动地改天换地。

打倒建筑师自嗨式的建筑。

解构派，乱花迷眼的建筑学——让你心烦意乱。

当心扼杀神经的品位，但也谨防助长浮夸的热忱。

走极端，上杂志，都不费工夫。

极端立场正对媒体口味。

"不，彼得，我在《建筑的复杂性和矛盾性》中不是想吓人，我只是想讲出些道理。"

紧盯让你来电的东西——但对廉价的刺激要打折扣。

啊，我们多么乐意在建筑上炫耀呀——但必须只在适当的时候：我们的大部分工作是为公共机构而做，其中我们担当沉默的背景；或为博物馆而做，其中我们避免对艺术喧宾夺主。

扎哈·哈迪德对塞恩斯伯里展厅的评语："它……它……不……它不……撩人"。也没说错。

塞恩斯伯里展厅在其手法主义里引入的是愉悦——能否说是解构派引入的是笑柄？

图卢兹的圣埃蒂安大教堂代表了有效的解构主义，已经是人间的天堂。

解构派的整个儿扭曲对雕塑来说是可以的，但对建筑是不负责任的。你是把建筑当成实用标志去实现那种爵士乐。

如果庇护所的观念打动不了你，你可能就不该成为一名建筑师，而应该成为一名雕塑家或是哲学家。

顶着个可恶的屋顶的雕塑似的建筑。

雕塑的碎片翻滚在雨中似的建筑。

由神设计的地震劫后残存似的建筑。

恶搞地震式的建筑之解构主义。

寓于细节的尺度感过时了。

受够了摆在会议桌上当模型看，而不是真身近看的好建筑。

建筑学中的解构需要少一点勉为其难的怪味儿，多一点货真价实的猛劲儿。

拿俄亥俄州哥伦布市目前的航线作参照是不是就很怪？——又不是教堂后殿要朝东，清真寺门要朝麦加那种情况。

一个终极矛盾体：新现代？

啊，要真正现代，而不是复兴现代。

打倒复古现代——从后现代到复古派。

如果现代的（与现代式相反）所指并非一种旧的风格，而是一种建筑方法，那我就是现代的。

让我们的艺术来源于真实的复杂而矛盾的经验，而不是表现主义的复杂而矛盾的意识形态。

为今日的建筑——好过为惊悚的建筑！

解构牌复杂和矛盾玩砸了吗？

现代主义模数建筑：别无例外的几何学——复杂与矛盾的建筑：兼收例外的几何学——解构派建筑：拿例外当几何。

中看的表现主义似乎比中吃的图标象征更吃得开。

下垂的张力线——也就是装饰用的张拉索——悬链曲线让人想起1950年代的建筑加麦当劳，神乎其技的矛盾体。

罗曼式，对；摩登式，错。

我爱手法主义

不要截然地不同——要暧昧的：手法主义。

反讽常常挡不住。

多数好艺术是后天养成的品位。

打破规则，不是因为无知或变态，而是为承认对一个复杂整体的感受力，创造活力和张力。

代表整体的片段万岁！

今天对我们来说，是丰富和模糊胜过统一和清晰，矛盾和冗余胜过和谐和简单，象征胜过抽象——马托拉纳礼拜堂胜过帕齐礼拜堂。

矛盾和不和谐不能强加，也不可统揽。

设置秩序，然后打破——但别太多。

我们是逆向思维者吗？不，我们是手法主义者。

你永远成不了创立者——甚至先锋建制派——只要你反英雄，走手法主义路线。

不和谐的源头是真实的矛盾，而不是无聊的修辞。

从贝多芬到托斯卡尼尼的美丽教诲：非结束性的主题在乐章中作为片段，然后强调整个乐章的结束；抒情和不和谐的并置，促进最高的张力/崇高的肯定。

我喜欢手法主义卷入传统的细节然后歪打正着出有效的模糊多义。

在艺术中呼应传统并非坏事；米开朗琪罗就这么做过。

你争取明确，才能获得有效的模糊性。

我们永远成不了建制派，因为我们一面是手法主义，另一面是传统派。

象征建筑不仅要易读，还要好看。

今天要手法主义，不要表现主义。

都市生活：设计与官腔

创造历史与保存历史同样重要。

历史的类比好过历史的模仿。

城市形态：了解那里有什么，并把人们纳入你的视野。

尴尬是成长的一部分，成长是活力的一部分。

对城市来说，控制越少，活力越多。

城市设计也会卫生过了头：我们这个复杂的时代，城市永远不该完美；我们的城市观感必须承认其永久增长，一种难搞而显示活力的品质。

比粗俗更糟的是死气沉沉。

谨防城里土包子。

惊叹与融合——两样可以都有效。

承认我们对于当下的义务和受之过去的恩惠——为了造就一个最终有用，并且可回味的活泼而紧张的整体。

当好的东西变质时，要当心了。

技术规程有时是审美偏好的掩饰。

打倒歇斯底里的委员会。

打倒控制着社区委员会阻碍着进步的城里乡巴佬。

小心城里的热心人。

官僚的工作和热心人的作用往往是阻碍成就。

今天的建筑师服从于落标的建筑师组成的、代表了不懂行的社区团体的审美资格委员会。

对于官僚的委员会而言，知识维度充满威胁，而艺术维度又不可捉摸。

唯一比腐败的官僚机构还糟的是热心的官僚机构。

官僚的主要工作是做样子。

对官僚的部分定义：让你看起来很糟来掩饰自己的低效，还拖延付款，没有兑现工资条的意识。

官僚傻瓜能挫败创意傻瓜。

官僚是怕事精。

在旧日，由专家而非共识在主导时，出来很多狗屎，但有些好结果也不会被这个系统预先排除。

对于建筑，人人都是专家——就那些以建筑为业的除外。

谨防无知者的傲慢。

跟熟练且理性的人共事，让人近朱者赤。

多么美好而又合适——我们的一流修复建筑师——宾夕法尼亚大学的大卫·德·隆，已经答应修复我们的塞恩斯伯里展厅设计——针对的不是建成后被改的实物，而是建成前被改的图。

唯一比漠不关心公共艺术的公民更糟的是热衷于公共艺术的人。

我们所处的时代看重异议而非信任——这就阻碍了卓有成效的行为。

通常痛斥迪斯尼的人品位都不佳。

唯一比粗俗的城市形态更糟的是讲究品位的城市形态。

伪城市主义——封闭街道，堆满障碍。

把花槽当配景用，就像往鲜蚬意大利面上掺奶油。

通人情的人行环线就是供人走的。

已难记起从外到内连同由内到外的设计曾是多么令人震惊；如今已背道

而驰——因为城市设计变得专制。

我喜欢日内瓦，那里的公交车很准时，你跟工人和贵妇人同坐。

多么讽刺！现代建筑本来进步、激进的抽象性变成了城市艺术的保险的空架子。

小心那些附庸风雅之流。

小心脏字：标志是粗俗的，尽管横幅有品位。

再谈语境

如今在美国，我们很少当街区的头牌：重要的是语境。

承认建筑的语境，并不意味着新建筑必须看起来像旧的：和谐可以出自对比和类比——看一看圣马可广场；这是一个适宜性的问题。

塞恩斯伯里展厅：建筑的尊重——对内部的绘画和外部的特拉法尔加广场——还有对蓓尔美尔南街。

18世纪的洛可可风格和弗兰克·劳埃德·赖特的有机风格之间有何区别？

我们常会忘记如今对历史建筑的承认是多么近的事。路易斯·康在他的费城规划案中拆除了塔楼以外的市政厅，近到1960年代初，宾夕法尼亚大学建筑学院还得为他们是否该就弗内斯图书馆的拆除站一个立场而辩论。唉，钟摆真是惯于荡得太远——从冷面无情的进步现代主义荡到了道貌岸然的历史癖修复主义，其中新的建筑和有效演进的环境都饱受鄙夷。

为语境而丰富的语汇万岁：要复数的建筑，不要单数的建筑。

对建筑背景的适应通向非普遍主义的词汇。

第一个吃螃蟹的与跟风的

对第一个吃螃蟹者工作的看法在一开始的义愤填膺与后来的畏首畏尾之间交替；跟风的倒一直是志在必得的英雄。

一开始，先是义愤填膺，然后畏首畏尾；先是大汗淋漓，然后不费力气；先上来让人吐，然后变成雅事。

吃螃蟹都会是汗流浃背、粗枝大叶的；跟风的会是精心修饰、温文尔雅的。

原创者必须勇敢——之后显得羞怯。

唯一比被忽视更糟的是被模仿——尽管跟风者掩饰其出处。

最高的赞美：（出现在）昨天的叛道骇俗在今天烂大街的时候。

跟风者做漂亮活儿。

噢，为了跟风者的巧手。

跟风的有时比你动手快。

多么大的挑战——争取看着不像你的跟风者。

厌倦了把标输给抄我们还能抄得更好的——或者说，抄得更甜腻的建筑师。

我能料理好我的敌人，逃脱掉我的跟风者。

想方设法让自己的建筑设计得看着不像自己的跟风者的手笔，这是一种煎熬。

哪拨儿跟风者更糟——误把《建筑的复杂性与矛盾性》的历史类比方法当讯息传达的后现代派，还是无视警告、用画面感代替真材实料的解构派？

好东西玩过火，就会像坏的一样坏。

好东西不可避免会被玩坏——因为热心人简化、理想化、神化、意识形态化了它。

如果你幸运，你会活到眼看自己的好点子结出坏果子。

在跟风者眼里，你的初心走得不够远。

格外好的东西的坏版本格外坏。

曾有影响力的人之命运：最初的贡献被遗忘了，因为你的想法已经流行开——要么你就被指责，因为对它的误读已经流行开。

大致领先在最终是不错的，开始时的蔑视却不好受——还有自己的怀疑。

如果你失败了，你也不见得就是输家。

一个好的设计师可以是个跟风者，也可以是个领头羊——只要他对跟风是承认的。

一个好的跟风者是一个进化者。

最好的无心的赞美是30年后，有人开车路过公会大厦："真纳闷那些吵吵的人都大惊小怪的啥。"

你只能说说，你的追随者才能去做。

我们已经厌倦了那些不知源头所在还误用的混蛋们把我们自己多年前的想法推荐过来。

反英雄主义与不凡的平凡

开始懂得自己早就知道的事，是一种奇妙的境界。

我们有些好点子是从客户那儿来的。

在设计中，追求正确往往是错的。

向生活和艺术中的书呆子致敬。

设计师：记住"过犹不及"。

不要为风格巧立名目，让它们进化。

缺心眼的后现代主义提倡诱人的漂亮和怀旧的动人，却把我们的建筑学庸俗化——那是难看且平凡或是朴拙而紧张的——我们拒绝为之起名宣传。

艺术中的浪漫派乐于宣称艺术家是局外人；艺术中的现代派乐于宣称艺术家是革命者；今天的艺术家是否乐于做个谄媚者？

一如其所兴起的那样，建筑学的普遍理想在麦当劳和必胜客的快餐界比在英雄主义的建筑圈体现得更淋漓尽致。

大众文化跟高雅文化一样切题。

英雄主义没毛病——但不要挑战风车。

英雄式的，可以；堂吉诃德式的，不行。

创新不是为创新而创新。

艺术家的本职是引领和跟进。

我们喜欢面对理性的，或严峻的现实。

适可而止是种成就。

从我们所在之处出发的进化，能像逆我所在之处的革命一样有意义。

去压榨传统没必要。

进化可以，潮流不行。

致力于切入时代，你就会领先时代。

如果不了解此时此地和过往，你就无法超越。

要切入时代，就要专注于求善而不是求新。

《建筑的复杂性和矛盾性》代表了几个世纪以来，第一次不依赖或是倡导一套特定形式的词汇的建筑声明——艾伦·奇马科夫言之！

我喜欢瑞士的山间木屋，通用的住房和谷仓，以一种几近日本的极致体现了作为庇护所的建筑——抒情小调似的屋檐庇护着下方的人、畜和构筑。

装饰：外用的而非整体的，机智的而非正确的，选择性的而非普遍性，再现的而非"材料本性的"。

在建筑细部设计中，简单的通常就是好的。

在建筑中表达功能，可能会削弱功能。

在通用建筑中，形式容纳功能。

兼容而非强加的建筑。

平凡而熟悉的东西也能变得令人惊奇和鼓舞。

平凡之为传统：民间小调变成谐谑曲，野草变成水仙花，布尔乔亚野餐和波西米亚咖啡馆变成印象派绘画。

绘画中的主题问题和建筑中英雄的与常规的语汇问题，使人想起阿卡迪亚的英雄之神和咖啡馆里的波西米亚人之间的对比；两者都没毛病，问题在于是否合适：神很少在咖啡馆现身，波西米亚人也很少出现在阿卡迪亚。

我们的作品中是把常规推至极限来获取张力，而不是往极端里放纵新奇。

无名之辈是建筑界的霍珀①吗？

脱离平凡是令人喜爱的，还留一丝平凡可察觉时。

全是主角也就没有主角，都打高光等于没有高光。

建筑界的懦夫们害怕成为凡人。

"原创"的建筑师害怕沾上平凡。

这种新派谦逊又怎样？

建筑语汇：在我们的时代，最好接受的是英雄主义语汇；然后是被认为是先锋的语汇；然后是改装自20世纪初工业方言的语汇；承认常规、平凡的语汇是最难接受的，但它有着光荣的过去，光荣的传统。

一个真正英雄而原创的立场："丑陋而平凡"的建筑。

从平凡中学习。

从熟悉中学习。

增进常规。

不要不敢做好的而且常规的。

我们承认常规，并把它推到极限。

---

① 爱德华·霍珀（Edward Hopper，1882—1967），美国绘画大师，以描绘寂寥的美国当代生活风景闻名。——译者注

不排小平面：排容纳小平面的大平面。

远见者也可能是粉饰者。

生意

哪个更有前途——青年建筑师跟一卷卫生纸？

如何出人头地：即使是错的，也要弄一个答案。

在演艺行业，害羞是地狱！

我快要不能思考和画图了——疲于宣传和抱怨。

好展示人是坏建筑师：建筑评委会该选择在面试中给人印象最坏的建筑师。

拿活儿爽还是干活儿爽？

我们不可能把所有时间都拿来抢活儿，因为我们还得干活儿。

我们建筑师能为了一个三刻钟的面试出差3000英里，去那儿喊口号、变戏法，唯独不是思考和行动。

恒为面试自我证明，而不是用工作自我提升。

遴选面试中的一大现象：不得不跪下来保证你会做事实上是你开的头儿的那种建筑。

很难既创造又营销。

我很紧张，又相当敏锐——对求职面试来说最糟糕的品质。

要创新，你就得干活儿；要干活儿，你就得找活儿；要找到活儿，你得把自己累死。

作为一个建筑师，为掌控自己的工作而自开事务所的代价是，你就留不下啥时间做这些工作了。

哦，要在图房里，不要在路上！

如今有三种业主挑建筑师的模式：①业余专家组成的委员会用共识选

择——中两人意讨三人嫌的独特建筑师被抛弃，换成人人都能接受的平庸建筑师；②项目经理或官僚委员会，业主将选择权委托给他们，由其挑选感觉威胁不到他们的建筑师；③业主自任领导，以个人身份或通过委员会自信地确认一个优秀或独特的建筑师，并勇敢地选择他或她。

信任和合作对文明是起码的；专业人员和艺术家没法子一边护着侧翼一边工作。

势不两立的目标：建筑师旨在让建筑中看，项目经理意在让自己顺眼。

如今文山会海，你不得不用辩护代替生产，用争论代替创作。

当我们的创意不再专注于设计，而是更多地迎合规章、法律和社区监督时，我们是不是在见证自己行业的终结？

设想一下帕提农神庙周围的台阶，每隔几英尺就做一个扶手——好让雅典人不去起诉雅典娜女神，扶手游说团也能得到安抚。

当主角的在过去是女高音，如今是顾问。

作为专家，不同程度地，我们所有人都该携起手，最终促进在一致性之上的感受力，承认我们既对整体也对局部负有责任。

在一个复杂的整体中，并非每个局部都能做到完美。

建造案例而不是建筑自身。

如果设计过程中讨好每个人，那么最后你讨好不了任何人。

顾问也可能是整体的敌人。

唯一比拿不到活儿更糟的事是拿到了（仿奥斯卡·王尔德句）。

记住，建筑公司花在拿活儿上的时间和钱越多，花在干活儿上的就越少——反之亦然。

随着收费越走越低，建筑过程就越变越复杂。

建筑是这么一种行当，你给的服务越多，拿的钱越少。

你越为了干好而多干，你的包干费就越让你吃亏，你的办公室格言该降标准了吧？

在细节中的上帝是20世纪末极少主义的受害者——但在适应极简的设计费用上，挺有效。

一个新的阴谋论：现代主义建筑的创始者们是愤世者而非理想主义者，因为他们力推单一、极简、形式的抽象和模数的统一，贬低复杂、装饰和象征，从而压缩了他们在设计和施工图上的工作量，压缩了他们在各项保险上的花费，从而增高了利润或是减轻了收费上吃的亏；由此少就是多赚，上帝在更少的细节中，而装饰在路斯那里更多地等同于损失而不是罪恶。

好建筑师穷死：为把设计做得更好，他们耗尽设计费。

今天，建筑师费必须有见及此：社区的官僚机构会不会搞出预料外的工作？项目经理会是个战友还是恶棍？承包商和分包商助长的会是技术还是贪婪？

做一个好建筑师，就做不成一个富建筑师。

做好事，树敌；做好人，吃亏；下功夫干活，折腾官僚，冒犯委员会。

"我不仅打算做在世的最伟大的建筑师，还要做有史以来最伟大的建筑师。是的，我要做有史以来最伟大的建筑师，在此盖上我的'红方戳记'，并签名警告。"弗兰克·劳埃德·赖特的这句话反映的自我宣传姿态也许就是我们这个时代的答案，否则委员会就会支配建筑师，搞出些畸形骆驼似的设计。

如果你优秀，就要当心任何由"同行"评判你的作品的程序。

图像与技术

建筑中的图像学和场景学万岁！

我们能不能向今天生动的广告艺术学习？

商业广告在我们对艺术的感觉上影响不小，而且是双刃剑。

T恤衫上到处是图像——建筑上咋就不行？

在我们这个电子时代，向表现主义的工业怀旧告别。

建筑可以是唤起联想的，也可以是表现自身的。

唤起性的场景设计胜过纯粹主义的抽象设计。

多元文化主义也能变成好战文化主义。

可悲的是，当你为城市艺术推行多元文化图腾时，你请来的是"正确的"文化评论，鼓励的是保险的抽象表现主义——这样好太平无事。

建筑中有所参考也没毛病，只要你过了3岁，就不可避免。

我向农家家具的漆面学习，他们的假面是正当的，因为模仿的是大理石，再现的是鲜花。

我喜爱瑞士老村落里的一般建筑，灰泥表面上是彩绘的山花、框架和壁柱，发扬着实用的象征和抒情——和智慧。

人造清水混凝土能不能替代真品——我们负担不起的？

圣热纳维也芙图书馆——亨利·拉布鲁斯特的19世纪的文化广告牌万岁！

休斯顿：一座美丽的美国城市——除了广告牌不够大；可悲的是，立法部门正在削弱高速公路以外，广告牌与平房凄美、多彩而参差的并置。

广告牌事与愿违地代表了今天的城市艺术——100年后将被当成历史保护的重要元素受到珍视；休斯顿之于广告牌就像威廉斯堡之于殖民地。

留神好品位的广告牌万岁；信息也能很可爱；过大的广告牌是个矛盾的说法吧？

古埃及的塔门——去年的广告牌——比抽象的表现主义杂技更切题。

自中世纪晚期以来，没有任何建筑词汇或风格是完全原创的，或者不是以某种方式基于过去的风格——文艺复兴、巴洛克、新古典主义、折中主义、现代主义——后者基于美国的工业乡土建筑或工业工程形式，除了洛可可、新艺术和弗兰克·劳埃德·赖特的一些作品。现在让我们放弃对新形式的无望探索，将建筑的艺术层面定义成图像学吧。

图形刻在石头上很好——电子化地变换移动也很好。

今天对建筑中演变图像界面的电子技术的恐惧，犹如过去对机器美学中工程技术的恐惧。

让我们探索电子技术而不是赞颂工程学吧。

用形式做标志比拿形式扭着玩对建筑的修辞更可靠。

装饰的棚子胜过装饰的桁架。

而现在，从装饰的棚子进到拟真的盒子。

如今建筑师更多的是一个导演，而不是一个工匠——为图标内容和管理过程作计划。

光是我们的基本材料——超过砖（甚至铁丝网）。

光是我们的基本媒介——不是用于"蒙面"和发光的面，而是用作生动的图标装饰，可以是电子的。

我们的建筑是后工业化的，而不是新工业化的。

打倒空间的表达：图像性意义万岁！

城市作为标志就像在过去（和现在）一样，但用新技术实现新感觉。

讽刺的是：你用自己的生命体征比用表达性的空间还能人性化我们的社区。

今天适应变化的方式是通用的空间灵活性和电子建筑的图像灵活性。

图像学为当下定义了公民建筑。

对细节的心理需求——但现在细节不能把电子像素包括进来吗？

虚拟的多样性。

发光二极管是今天的马赛克艺术——像素对应古老的小瓷砖。

图像是被赞美的涂鸦。

景观中放得恰当的广告牌艺术万岁！

拜占庭镶嵌画和电子像素万岁！

向现在学习

　　向一切学习。

　　我喜爱可以进化的艺术。

　　经历一个过程，坏想法会通向好想法。

　　艺术是从废话中熔铸实质。

　　奇思妙想从基本要素中起飞。

　　不做小规划，但要当心大规划。

　　我们周围都是天真者的信任。

　　我们致力于让平凡的东西变得不平凡，使基本的东西变得经典。

　　由第42大街的复兴回想起我在《建筑的复杂性和矛盾性》中对时代广场的惊人的善意提及——那是1960年代中期！回忆起来很有趣。

罗伯特·文丘里的《建筑的复杂性与矛盾性》（*Complexity and Contradiction in Architecture*）以及《向拉斯韦加斯学习》（*Learning from Las Vegas*）［后者与丹妮丝·斯科特·布朗（Denise Scott Brown）和史蒂芬·伊泽努尔（Steven Izenour）合著］是我们这个时代最具影响力的建筑师著作之一———一本赞赏建筑的复杂性，另一本则推崇广告牌以及在商业和本土建筑中运用象征主义。这本新的文集主张一种由图像和电子定义的通用建筑，一种使用意义作为遮蔽和象征的建筑。这是让建筑找回其失落之灵魂的呼唤。

结语

我的艺术硕士论文简介

正如我在别处说过的，这本文集的大部分材料，都是最近的过去写的。最后一篇是个例外，是我1950年在普林斯顿大学的艺术硕士论文——略为编辑了一下，风格还是不免稚拙；配有若干构成论文正文的插图。论文评委中有我前一年夏天在费城见过的路易斯·康和乔治·豪。我很遗憾图片不全，有缺漏；脚注也不完整。

我收入这个作品是因为它的主题，建筑中的语境几乎代表了这个行业的套话，也因为它的源头已近遗忘：比如费城有位建筑师，最近自信满满地把它说成是从1970年代演变来的建筑要素。但我清楚地记得我在1949年初遇格式塔心理学中的知觉背景的概念时，像阿基米德的"我发现了"似的反应，当时我是在普林斯顿大学的爱诺堂图书馆追看一个心理学期刊，然后认识到了它与建筑学的关联——那是一个建筑学无一例外地由内及外设计，现代主义被捧得放之四海而皆准的年代：让所有还没散场的老家伙都见鬼去吧。确实难以想起，还真有那么寥寥几个例外，那就是弗兰克·劳埃德·赖特愿意与之联结的自然背景——中西部的大草原或是宾州的瀑布（但从不会跟他之前那些烂建筑联结）。大胆之见变成公认的看法是不错，但是也有点儿害处——尤其是常常被误读，最终被滥用的时候。

还应该注意的是，建筑学里意义与表达的重要性，在当代是本文第一次认识到的，并且就算没有预见到，也实质上打开了文化的多元或曰多元文化主义在建筑学中的门路。

在论文里你会发现一个明显的、可谅解的遗漏，我相信，在当时美学的抽象独霸天下的背景下，引用、联想、象征或是图像学都被自动回避到了后生们不会梦见，更不会承认其媒介里有这些维度存在的地步。这说的就是认知不到一个要素的内在特征和联想，它们要么相对背景而独立存在，要么与之俱来。

收入这项成果的另一个理由是，时隔45年，回看圣公会学院小礼拜堂的设计，我觉得简直好到爆。

由本论文论及罗马国会大厦广场（Campidoglio）的部分形成的一篇短文，在1953年由《建筑评论》（*Architectural Review*）发表，由此成为我的处女作。

建筑组构中的文脉：
普林斯顿大学艺术硕士论文

写于1950年。

导言

意图 | 本论文的意图，就是阐明背景（setting）对于建筑物的
重要性与作用。考量了环境的艺术及人眼所感知到的环
境要素。具体则处理了局部与整体的关系以及建筑师称
之为场地规划的事体。尝试推出关乎这些专题的原则与
讨论的方法。

含义 | 对于设计师的意涵是：场地周围的现有条件应该成为所
有设计问题的一部分，应当受到尊重，并且在设计师
对新旧之间关系的把控中，通过新手段在感知上得以
加强。

内容 | 对此问题，简单说就是背景（setting）给予了一座建筑
表情，语境（context）则赋予它意义。结果就是语境的
变化带来意义的变化。

源头 | 我对这个主题的兴趣的源头是很切实的。较早而直接的
源头是我对于学生时代纽约美术设计学院弄出来的建筑

设计问题的不耐烦，它们对于要设计的建筑物的背景或者语境屡屡不作交代，至多也就是给出场地的长宽尺寸。这对我就意味着一个危险，也就是一座建筑能只为自己而设计。

另一个比较重要的源头来自我的切身经历和对此的理解，那是几年前的夏天我的佛罗伦萨暨意大利之旅。既然是第一次游欧，我的方式就是怀着强烈的好奇心去发现事实，然后跟预期相对照（乔治·桑塔亚纳语）。我的预期基于代表性建筑的图片和照片资源所产生的意象。而这种对照一再给我带来惊喜。正是在这些反应与回响中，我演绎出了我的论文。那些惊喜，就我分析，很少出自时间与空间的多余维度，但是有机会把单个的建筑纳入并关联到它的背景，当成一个知觉的整体感知到。这是一个美国人第一次有机会将中世纪和巴洛克风格的空间作为一个整体来体验，尤其是那些源自广场的空间，为之倾注了一种热情，使得后来在图书馆里展开的对罗马空间的研究都变得广泛而刺激。

最后一个源头是非经验性的，是随后对格式塔心理学的发现，必不可少地支撑了对知觉反应及其用途的讨论，为一个自己的用词都被用滥的建筑师提供了一套准确的语汇。其中就有已经在评论界丧失掉准确含义的"整体"和通常的使用中被好笑地弄得没啥用处的"比例"，弗兰克·劳埃德·赖特就算一个。

方法　　材料的组织与展示方法如下：问题本质上是一套绝妙的图解，因此词条、符号、平面、插图等传达的就是其大

291

小和位置表征的意义。作为图解的问题，开头由上文两条论及建筑学的主题论断组成，配套的是列之于左的段落标题所示，相应的心理学范畴的一般性论断，其后则是对其展开的一系列详解的图解（图版3和图版5）。之后的图版系列（图版6至图版15）则是分析罗马的历史建筑范例与当代民用建筑，以论证主题。最后的系列则是该主题在设计问题中的应用，是一座乡村主日学校的圣公会小礼拜堂的设计，余论是关于它的策略和研究。图版作为一个整体的组构应该受到重视：在图版系列的开头，用文字形式作出两条主题论断，每条生成一条影响轴线，水平展开，贯穿系列图解与历史先例，直达设计部分。这样，顶轴上的图解、平面和剖面对应着论断一，底轴则对应着论断二。

接下来，上下相对的两个图解，或者说两个平面间的关系，如罗马国会大厦广场1545年的平面与其1939年的平面，就像开头论断一和论断二一般。各个部分的标题和字幕以及一系列彩色的圆形、方形和菱形符号建立了类似的二级水平影响轴和等价关系。作为详解，复制了不同视角下建筑先例的摄影或雕版画，它们的相对位置与连线表明了彼此间的等价联系。这种组织方式意在促成材料的整合。

第1张和第2张 ｜ 本节研究的副标题可以是"将空间和形式视作知觉整体的品质"。对意义的一个定义是"意义就是一个观念为另一个观念充当的背景"①。是背景赋予观念以意义，由此得出了图解中建筑范畴内的论断一。是背景赋予了建筑物表情。一座建筑物不是一个自足的物体，而是一个整体组构中，就其位置与形式相对其他部分和整体存在着的一部分。论断二是论断一的推论：正如背景中的变动导致观念范畴中意义的变动，一座建筑的背景的变动也会引出其表情的变动。一个部分在其位置或形式上的变动也会波及其余和整体。这两项变量联系着一项常量——心理学的反应，即观察者的视觉反馈，其注意力和处境的限度等。就在这些调控之中，品质能在这些关系中得到实现②。

整体是有着一部分截然不同的属性在的。整体的组构连贯的程度有别。整体连贯越紧密，一个部分的变化对其他部分和整体的影响就越大。

第3张 | 我已经明确提到了位置和形式：一座建筑物就其位置和形式，是整体构图的一部分。一个部分在其位置和形式上的变化会引起其他部分和整体的变化。图纸上有一些图表，从各部分的位置和各部分的形式以及它们与整体的关系方面说明了组织的一些具体条件。这些进一步发展了主题论断，有助于从抽象的原则过渡到具体的建筑应用，建构起一套明确的类别和语汇，可以在讨论实例和最终的设计问题时不断运用。这种对分类的强调并不

① 纳尔逊（Nelson）的《格式塔心理学》（Gestalt Psychology）
② 出现在第1和第2页下的图表，由引文组成，比较了心理学家和建筑师对这一想法的做法。

代表试图建立一个简单的建筑公式。第一个系列的图表展示了空间背景的影响，即一个物体周围的空间。身临一个复杂的视域，观者会将之消减至基本的相互关系。在第一个图解里，两个单独的单元被视为一个整体，唯有分析之后才能识别出有两部分。而彼此从感知上联系起来的条件很简单，就是其紧邻。它们的并置方式，作为达成关系和构造整体的明显手法，是下一个图解将予展示的条件。平行则是另一种手法，是用在建筑构图中典型的位置关系，是最后的配置图里方向（街道中所见）和围合（城镇广场中所见）的条件。

沿着底轴的图解阐释的是论断二。以第一个图解为例，两个部分因为在底轴上的背景的变动，就被感知成了彼此远离。它们在相对位置上的意义被改变了。

第4张和第5张 | 接下来的一系列图表说明了形式背景（即形式）对物体的大小、形状、质地、颜色和色调的影响，以及从互补性相似到互补性对比的变化。在这些位置或形式的变化过程中，各部分的属性多少得到了强调，整体的属性朝着更大或更少的衔接方向发展。通过这类调整，品质就从诸关系中得到了提升。建筑也就在接受背景的同时，创造了背景。

第6张 | 因为这篇论文的内容是基本而又广泛的——所有建筑都有其背景——那么，不加限制的一列案例会变得没有效果。由于我对经验的强调以及我在上述旅行中对罗马的迷恋，所以我就从这座城市中选取案例。我相信我的热

情，出自罗马的规划及其大量16、17世纪巴洛克建筑和
广场中的错综丰富所鲜明显示的有机性的发展。第二个
类别包括当代民用建筑的例子，因为它们方便地说明了
论文的若干社会意义。

两个系列中的每个历史案例都包括一座建筑，沿顶轴指
明与背景相关联的视觉条件，沿底轴指明背景的变动
带来的意义的变动——这些变动源自其空间与形式组
织产生的新条件——用符号的颜色、形状表示。配图则
有的表示地况的对比，如特雷维喷泉与圣米歇尔喷泉，
有的表示时间的变迁，如米开朗琪罗之前、之后和维克
托·伊曼纽尔纪念碑以后，罗马国会大厦广场的不同格
局。平面图和剖面图与前面的图相对应。由黑色连线表
示对应的配图，用于放大看。

第7张　　　只在照片上熟悉特雷维喷泉的人，恐怕会把它当成一座
干巴、浮夸的纪念碑。由此，一个不假思索的美国人或
巴黎人可能会认为，一个如此精致和庞大的纪念碑应该
身处一个类似的大空间，可能在一道远景或是林荫道的
尽端。但是，喷泉与它的环境相比，由对比鲜明的小规
模建筑组成了一个紧密的封闭空间，并经更深狭的空间
方可进入，使一路景象充满了动感。若说周围空间不够
大，传统法国规划者真的这么觉得过，甚至勒·柯布西
耶本人也点评过："不消说，罗马是所有东西都挤成一
团。"[1]当然，将这座喷泉的效果与尺度和设计相当（都

[1]《走向新建筑》

295

是以喷泉来充任建筑立面）的圣米歇尔喷泉作比较，是
有指向的。后者堪称19世纪巴黎背景的祖型，是一条林
荫道轴线终端的一处大场面。

第8张 | 18世纪的设计师将圣伊格纳齐奥广场构思成圣伊格纳齐
奥教堂原有立面的背景。该空间以对比鲜明的小尺度烘
托出这座巴洛克教堂的宏大。空间的共鸣和接纳的品质
来自对面的建筑凸圆立面所产生的围合感和对比鲜明的
纤巧尺度。所有这些全都在承认并强调对面教堂立面的
立体感和鼓胀感。正是洛可可建筑师接手和盘活了这个
巴洛克的立面。

第9张 | 示例通过演示西班牙大台阶建成前后的圣三一教堂，阐
释了涉及空间导向与接应的相近原则。

第10张 | 在其历史上，有两个主要的背景上的变动影响了罗马国
会大厦广场的表达与品质。米开朗琪罗的设计可谓大幅
提升了元老院原有的背景。通过添加壁柱、檐口和窗
框，他实现了几乎天衣无缝的改建。侧面的建筑在形式
上的对比和类似，以及它们独特的位置安排，以围合加
导向的方式加强了周围空间，也丰富了构图。阶梯式坡
道与前例中的大台阶一样，同时引导着空间、焦点，并
增强背景。
自打紧挨的维克托·伊曼纽尔纪念碑落成，人们再登临
罗马国会大厦广场，就得目不斜视，最好再戴副眼罩。
纪念碑本身倒不讨人厌，但跟市政广场一联系起来，就

显得祸害、麻木，各方面都格格不入——尺度、形状、色彩和质感——而且它的摆位也让广场沦为一个后台布景般的反高潮。碍于这个原因，这个建筑群的照片就与特雷维喷泉的相反，非但不能遮挡一下观察者进入途中明显碍眼的纪念碑，反而比在实际中还要抢戏。

也许同样的剧变还有林荫大道和开放机车道新近取代了纤小毛细的邻里空间，后者构成了这套建筑群的原初背景。原有的致密肌理和迥异的小型空间框出种种视角，断而复现，令人跃跃欲看广场那充满力量的背景。推平拥塞地带的社会效益相当可疑，高速路对城市环线交通的取代也有问题。新搞的巴黎式的空间与其他整饬工作剥夺了建筑与其紧邻外部空间的力量。就这样，一个现代建筑师怀着对米开朗琪罗的作品的敬畏，对国会大厦广场一丝不动，另起炉灶，却吊诡地从知觉上毁了它，不下一个拆迁队所为。它存在的理由抹除了，意义和分量也就磨灭了。

建筑折中主义频频失败的一个原因在于它忽视了背景——从视觉，历史到功能。众多失败案例中就有若干万神殿的设计对比，使人在心底回响起爱默生在《个体与整体》中的贝壳：

精致的贝壳躺卧在海滩；

每一波新浪捧着泡沫涌来，

都将珍珠奉上它们的釉面……

我拭去零沫和杂草，

带归的是大海孕育的宝藏；

余下不好、不雅、不快的，

把美留置在了海滩上……

每个个体都与别的个体关联，

没有孤立的美，没有孤立的善。①

也许万神殿的背景谈不上理想，但有周围纤小紧挨的建筑众星托月，屋面的棱角也反衬出穹顶的主导态势。最重要的是，闭合广场的形状使它成为一个中心型建筑乃至整个城市组构的高潮，这样圆形和圆顶的形式与功能就成了题中应有之义。

麦金、米德与怀特事务所的费城吉拉德信托银行大楼与摩天大楼争雄，成为网格状街道格局中众多单元中的一个，这种位置否认了它实质的中心性。好在有穹顶之下别开生面的方形广场，部分地改善了这一状况。

杰斐逊在弗吉尼亚大学设计的圆厅，即便用作图书馆终有不便，也成功地表达了自己在整个构图里的中心地位，更因两厢建筑的拱卫和小丘之顶的选址，从知觉上得到了强化。图书馆作为大学核心的概念，也由此得到了明显的加强。

本论文及其应用可归为建筑学中所谓的有机方法，但承认背景，并不等于同建筑学中的古典传统截然对立。"意义就是一个观念为另一个观念充当的背景"这一句定义，就直接是古典的比例观。古典概念确有认识到构图中的背景——一座建筑的背景就是一套几何形的关系网。但这一概念过于一般，也对自然与建筑背景缺乏强

---

① 是我的母亲建议把这引用的诗歌用作我论文的一个恰当类比的。

调，使得古典的方法忽视了有机视角下的背景。

就柏拉图式和新柏拉图式所及，古典传统在这样考量背景时，是从教义上就不同于有机论点的。一套背景关系或者比例系统总是凌驾而普遍适用，这就先手排除了对其实不可避免的各样背景的承认，而后者正是有机方法的富矿。

第12和13张 | 弗兰克·劳埃德·赖特屡次言及建筑场地对其设计的重要影响。但本论文坚持认为，这种影响是互惠的。赖特本人也在自传里认定了这一看法，特别谈到了他在拉辛市的约翰逊住宅："那座住宅放了一个大招给场地。房子造起来，场地平淡无奇……然后是地景显现了魅力。"配图证实了这片美国中西部大草原上的用地本来外观消极，然后在互补地加入了既能水平共鸣，又在材质使用上与场地质感、色彩同调的建筑之后，获得了一种积极舒展的品质。这类建筑能够例证独处的乡村住宅是能通过与背景关系的运作，成为一个知觉整体中的一部分的。

这组民用建筑中的另两个例子分别展示了1835年和1935年左右，半城市环境中的典型美国住宅以及一期公寓开发中的一座公寓单体：他们通过彼此间在背景中的关系投射出自身的社会姿态和形象。

第14张 | 马萨诸塞州塞勒姆的辛普森-霍夫曼住宅是19世纪早期的代表，它位于栗子街，被公认为美国最美丽的街道之一，它是一个典型的半网格化社区的一个单元。房子的

布置完全垂直街道、平行邻舍，其中只用到了最原始的空间组织。社区由此缺乏任何的方向或是围合，这就预示了薄弱的社区关系和社会隔离，预演了"粗砺的个人主义"时代。后来任何一个有单体住宅存在的典型郊区社区都能发现这类空间组织的滥用，清楚地说明了这些视觉和社会状况。而让这片19世纪早期社区的构图有效可行的，是建筑组构之中微妙的形式关系。

同样位于马萨诸塞州的贝尔蒙特市蛇山的科赫住宅是20世纪郊区房屋的一个对比性代表。它与建筑背景的关系比起今天的代表性来，更多的是理想化，它采用了围合与导向的视觉品质，接应了场地的自然品质。只要房子是一个独特的单元，且所处的邻里也是个明确的整体，那么，就会有社会相互依赖的社区精神从中化育出来。

第15张 | 一个相反方向的极端例子是通过比较两个在功能、大小等方面相似，因此具有可比性的公寓房单元来说明的。一个是铝城集团1940年左右在匹兹堡开发的公寓，一个是1935年前后莱比锡的伦通公寓，两者街区尺度相当，单元组成相似。但它们的背景明显不同。对展示空间语境的图解的进一步分析表明，局部的价值取决于它与整体的关系，如果局部处在整体的基点上，它将对配置的其他局部产生过度的影响。在铝城公寓的邻里构成中，基点落在一个局部上。于是，无论观察者身处其中哪个建筑，他都从属于该基点，这是一个动态的基点。在莱比锡的公寓群中，它的静态焦点在几何上和感知上都落

在一个纪念性空间的中央，而不是一个局部的实体，即公寓单体；局部的属性由此大大弱化，整体的属性得到加强。前者可以代表对社区生活的一种理想而民主化的表述，每个个体作为自身和完整社区中的成员都同样重要。后者则属于纳粹时代的设计，代表了相反的社会重点——个体服从外部权威。值得玩味的是，这样的公寓社区组织方式不仅仅在德国典型可见。

设计问题：圣公会学院小礼拜堂，宾州梅里恩市

第17张

这所乡间主日学校由两座改建的折中式大宅组成，彼此从位置和形式上都不搭嘎。新加建的小礼拜堂在其位置和形式上被认为是这个建筑群的一个变化的背景——由此带来一个意义的变化：

两幢大屋变为一家机构。

整体通过添加一个部分得以盘活。

圣公会学院确实需要那么一个纪念性小礼拜堂，也收到了设计提案。

这个小礼拜堂的设计中，有两个方面是至关重要的。第一个方面包括建筑自身的任务要求，它从功能和表情上都要像一座主日学校的教堂，额外还有一些数据细则（容纳人数等）。第二个方面涉及本论文的原则——这意味着我们不仅要考虑背景对建筑设计本身的感知效果，而且反过来，就像赖特的约翰逊住宅，还要考虑到建筑反作用于背景的感知效果。小礼拜堂从设计上就构思成了场地现况之中的一个背景——作为一套变动的语

境，它将带来一种意义的变化。为论证这种意义或曰表
情上的变动的正当性，对场地现状及今昔建筑情况的通
盘考量就势在必行，并通过与历史案例相同的图表技术
在图上进行探讨。

第18张 | 圣公会学院成立于1785年的费城市中心，1921年因应当
时人口向郊区的流动而迁至默顿。学院收购了两处相邻
房产，各有一幢大宅、附属建筑和场地（约19英亩），
毗邻高速路——城市线大道。这些场地坡度平缓，绿化
良好，改成运动场不难。而两幢大宅构成了改建的大难
题。每一幢都盘踞在各自地块的中心，垂直正对高速
路，与对家关系淡薄。大宅遵循19世纪晚期的老派风
格，均用栗子山灰石砌筑，但此外无论形式、构图、尺
度还是历史风格，都格格不入——一个是法国式文艺复
兴风格，另一个不可描述，在对称的中世纪城堡门脸上
添加了南北战争之前古典风格的列柱门廊。这俩怪胎作
为敌对竞争的粗砺个人主义的标本，无论从形式还是从
位置上，都没被当成两座家宅而在视觉上联系起来。设
计根本上是从垂直正对正立面，也就是沿街看客眼中的
印象出发的（并且顺带再搞些显摆屋主有钱的效果）。
每个都只顾自己的形象，完全跟对家脱离，也就理所当
然地几乎无视了场地设计，无视了此外任何位置，尤其
是从自家和邻居场地之内看过去的视觉效果。这可能要
引入对辛普森-霍夫曼住宅的背景的先进展示。这些建
筑无论从自身还是从单体之间的关系上，都不是成功的
建筑。显然，在1921年，仅靠拆除分户墙和改换功能并

不能使它们在视觉上成功地变成同一所学校的高年级部和低年级部。

自此，接邻房产的添购，附属建筑及厢房如餐室、排练室和一座临时小礼拜堂的落成，都对现状的损益毫无影响。然而，上文提到的为新近动议的纪念小礼拜堂提交的方案，不仅无益而且有害。拟议的选址不假思索地权宜，就塞在两幢大屋之间，也垂直地面朝街道，更加恶化了场地平面的毛病。这个选址就只是多添了一笔，而不是整合的工作。形式上也是"殖民风格"，规格超大，很不相称。这篇论文的主题就是设法防止这类建筑败笔，它不止错在添建的建筑没添对。

就这篇论文而言，我把小礼拜堂构思设计成了一个变化其位置和形式的背景，在原有的背景里促成变化的意义：两幢大屋将变成同一家机构。

第19和20张 | 关于小礼拜堂的位置——也就是关于场地规划，基于两个主要考虑。

一个是两座大宅在1921年前就形成了迥异的构图，并且也恰为如此不搭，只在局部上还算得上成功，尽管二者更多时候还是处在同一片视野之中。不过每套构图，也就是每片房产，自身都多多少少形成了一个连贯的整体，基点落在了大屋之内，主要因为场地规划是对称的，而且每幢大屋也都占据着正中位置。正如上文指出的，如果局部处在整体的基点上，它将对配置的其他局部产生过度的影响。由于那些排练室和餐室不过是侧翼，别的建筑看上去也无足轻重，所以添加了小礼拜堂以后的新的建筑群，实质上就有三栋建筑，即高年级部、低年级部和小礼拜堂——三者之中，不会也不该有哪一个在功能或是视觉上凌驾于他者。因此，这个新建筑物的相对位置将会这般措置：整体构图的重心不会落进哪个局部之内，而是落在某个局部之外的一点，即不在建筑实体之上，而是在彼此之间的空间中。这个重心将使得高低两个年级部彼此面对面，都面朝场地的内部，而不再是像从前那样朝向高速路，从而建构出它们所属的整体。这处空间就成了题设的纪念场所，有恰如其分的标志性雕塑，并因担当新整体的重心而获得了一种纪念性。它同时也是运动场切实需要的一个安静场所。像这样在第5张上指出的类似重心之别，也能从圣彼得大教堂暨广场的两个设计的比较中得到了解：一个是米开朗琪罗的设计提案，整体构图的重心径直落在柱廊广场拱卫的中央教堂之上；一个是伯尔尼尼的实际建成方案，他的重心落在了广场的空间中。

另一个则关系到建筑的定位与观看者的运动路径之间的关系。设计师凭借局部把控不断变化的视觉印象——看到什么，怎样看到，次序如何——能够建构和谐，表达整体。通过调整出入口车道，修正原有的单行交通，通过新建筑与上述这些及原建筑的关系，使小礼拜堂以一个适当的角度首度纳入汽车驶入者的视野，从而以其形式为整个组构奠定了建筑品格，形成一套参照，使得其他建筑进入视野后，呈现的也是从属于整体的模样。一个历史先例就是雅典卫城的山门，它的相对位置使得自身不仅充当了卫城的入口，而且还控制着进入帕提农神庙的路径。一条侧边服务车道的拆除，使得高年级部与纪念空间的关系更加切近了，也重新强调了大宅的侧门。绿植也让两幢建筑朝着彼此以及中央纪念空间的面向更趋明确，断离面前的高速路。穿越纪念空间、行经纪念雕塑的小径步道，也将赋予日常来往小礼拜堂的人流一种仪式感。

第22至25张　　│　针对新建筑与语境问题的关系，对其形式的考量展开如下。由于形式在语言分析和设计概念中一样都不能与功能分开考虑，所以在这里将同时包括其品质。

感觉得到，一个成功设计的小礼拜堂必须在原有建筑之间生成一种互补对照的形式。这两座过去的豪宅唯独在矫揉造作上有可比性，也只有通过一个额外的建筑才能在形式上得到统一，这个建筑不是包含现有建筑之间相异的元素，而是承认它们之间少数的相同元素。

小礼拜堂的空间概念追随当前的风尚，等视内外空间来达成空间的流动感，让外部空间更轻巧，内部空间更通透。其中弱化内外空间界线的主要手段是形状与路径导向的表达大于围合感的墙体，以及赖特建筑中一再见到的消释低伏与封闭感的屋面。通过这种方式，将建筑物从骨子里构思成竖直、透气的列墙，而不强调屋顶的封闭性，并将"类似的墙"这种做法用于周围的挡土墙，作为景观设计中的纪念元素，与其他两座建筑形成了互补的对比，后者具有传统的空间表达方式，室内封闭，窗洞深窈。因此，新建筑带不来冲突，它既不是高低两个年级部的同类，也不旗鼓相当，只是一列彼此脱开的石墙。从积极的方面看，这些墙因为与邻居的材料相同，所以通过与邻居的形式在质地、色调和价值上的相似性创造了一种统一性。从摆位上看，这些墙体总是彼此交叠，也与其余建筑交叠，这就在视觉上也达成了统一。这种情形就是人们所说的并置。墙体彼此之间，墙体与建筑之间，这一系列平行代表了表达整体、获得统一的另一种手段。

纪念雕塑就同这样一堵无所不在的石墙（第 21 张）并置，将它反衬出来，并与其他构图统一起来；它实由一尊枯树干构成，因为在此背景下，这件变废为宝的艺术品（objet trouve）滋生出一种氛围，并能表达出战争的悲剧性；紧靠着这个雕塑元素的，是一块载有铭文的铜牌。

小礼拜堂外端的处理格外用心。它们与建筑侧面的中性石墙形成对比，以免外观封闭，并消解这座通体不透明的建筑的压迫感。风化处理的覆铜端墙同大屋在质地、色系和结构上的不同，使其不与之争，并用对比促进了和谐。祭坛那头为原有的密林局部遮蔽，唱诗班那端则隐在高起的院墙背后，因此二者从大宅看过来时，永远一隐一现，不会一览无余。

由于功能和表现力的原因，需要一个钟楼，但又不能与低年级部的塔楼颉颃。这样得出的构图在整体上就是水平的，但钟塔也有足够的主导地位以表征教堂，并与内部桁架体系一体，以便从外暗示室内处理，增强整体的统一。

小礼拜堂的门处理得像窗一样，出于对语境的考量，意在中性和对立。与开窗一样，开门也从外观上隐藏起来，以免在独立的墙体间形成会与大宅的门窗相颉颃的元素，从而保持整体上中性外观的连续性。屏墙也创造出了鲜明的流动空间，与园墙相一致，形式上形成了一个紧凑得鲜明的前庭，也使室内空间在进入时更显力度。这些墙体就这样成了赋予平淡外观尺度感的要术。从礼拜堂外部进行中性表达的原因，上文已有交代。不过，中性并不意味着消极。这座建筑身为有支配力的教会，重视仪式和视觉表现的丰富。对丰富性和诗意内容的额外要求，源于对当代建筑严重需要这种品质的认识。新出现的一种伪简洁，就是让表面看似简洁，用力把灰缝抹平等。这通常是对伪丰富或像圣公会学校之前大宅的老派丰富的反拨——或者是在重复批量生产技术否定掉丰富与多样的可能性之后，尝试用这种办法来体现和表达那些技术。这种对诗意表现的渴求，在赖特的作品中一贯明显，在最近北加州的一些民用建筑中也能发现。

室外既然要求素朴，错综丰富的机会就留给了同原有学校建筑没有视觉联系的室内。如果通过创造这种二元性来保持建筑内部统一性的困难被克服了，就可以实现一种对比，深化室内的丰富性。这种内外的对立，在早期基督教建筑和拉文纳的加拉·普拉西蒂亚陵都出现过。这种对早期基督教陵墓的参考只与它的视觉效果、它的表达原则有关。在伦理学中如此，在美学中也是如此，手段与目的相关，今天再用马赛克镶嵌画就不合适了。我们要效果的多样性，必须以奉行重复性和标准化的技术来实现。实现这种精细化的具体手段可以来自结构配置本身，使用预制桁架和露明的檩条与椽子，这就让简单常规的结构得到了错综复杂的效果。正如应力图解所示，如果桁架在效果上是非常规的，那么它在手段上就是非常规的。它对常规的缺省，并不体现在结构体系而是屋面的构形上，后者向边墙侧倾，由此印随的是室内构件，而非顶部弦杆。随之从室外局部露明的顶部弦杆，在外端透视中就不无哥特式顶飞扶壁的影子。它包括了抗压的木构件（一个例外是构件MJ）和抗拉的钢拉杆，令人回想起在邻县巴克斯所见的18世纪早期的运河桥。通过这些桁架，教堂实现了无柱结构不常见的室内空间的丰富，并且恰如其分地回响起了中世纪晚期英格兰的悬臂托梁结构。但它们在技术上也并不是传统的，而是预制工艺的。完整无余地纳入到桁架结构中的还有窗户。窗的布置使之从外看是消隐的，以免造成中性的缺省——这样就不会与旁边建筑五花八门的窗户有可比性。窗的组织也关联到与长椅的组织，使之不仅从外部不可见，并且为入座者采光时，投下的也是间接光。由于圣公会学院自认赓续了英国公学的传统，所以小礼拜堂的平面中采用的是合唱班式座席——两组长椅面对面坐，一条中央过道隔开。为此，礼拜堂常规情况下针对信众面朝圣坛合用的侧高窗采光就不适当了，因为这样的窗正对着长椅，会导致眩光。这样一来，桁架中的开窗就必须做成类似当代工业屋顶照明处理的反向天窗，如埃利·雅克·康在底特律完成的克莱斯勒工厂。天窗上置连续的、通常从底部不会看到的镜面或反光金属条带，加强了自然光的渗透。每个面的反射面积均可调节，由此，北侧的光能有更大的反射量，侧向光量也能与之相当。这种漫射光以及木构件漆成的绿色搭配薰衣草色的跃动色谱，其自身漂浮的色感与细密如蛛网的张拉杆的浅黄色形成鲜明的对比，产生出浮游笼罩的效果。组合层压木构件的不规则轮廓产生出轻盈的效果，是弗兰克·劳埃德·赖特在西塔里埃森，麦金托什在格拉斯哥艺术学校图书馆室内都做到过的。配色方案搞得炫（原文如此）[①]，这对一个男校小礼拜堂是必要的。这样的形式也使观众看不到靠墙承重的结点，再搭配采光和色彩的丰沛，形式的巧致和总效果的轻盈，就展现出了一种对于宗教建筑堪称允当的神秘与空灵。如果有一座小礼拜堂能让观者鼓足勇气这么修辞，他会解释说，天花悬起自"上帝才知道的高处"。

为了简洁和节约，十四副桁架一模一样，仅在两头的几跨有着微差，是对端头与中殿功能差异的反映。屋面结构则通体与之一致。但在圣所上方的桁架中，在中央和侧边同样出现了侧高窗，以此与中殿的这个部位区分开来，增大进光量，也增强对祭坛的聚焦。悬吊的十字架也纳入桁架，由此接合起来。钟塔引致的针对整体的变异，上文已经阐明。与此同时，尾端变异的桁架形成了一个挑台，用于唱诗班和管风琴，下方是一个下沉的前廊，因地制宜地利用了那段自然下坡。

---

① 这是46年前写的。

除了对错综丰富的渴求、张力和轻盈的表达以及合适的采光之外，对于这套桁架的形式的另一个决定因素，即语境考量所要求的低高度。外墙必须低矮，以维持墙体不封闭的表达和上文阐述过的与园墙的一致，从而尽量减少与豪宅的竖向和高度的不协调。屋架部分天花上高低对比的部分，也赋予了低矮的小礼拜堂所必需的室内一体的高度表达——这样做比抬得更高但高程一成不变的做法效果更好。严格水平面的缺省也有助于抵消低矮的天花带来的压迫感。此处应该提及，屋顶形状在反映平面上相关不同位置——尤其是中殿的变化功能的同时，也为之所塑造。坐席区上方的天花——也就是长椅正上方——比富有纪念性的仪式队列所用侧廊组成的环行区域更低也更平。

这种屋顶形状在工业建筑中的普遍使用，确保了排水方面的实用性。在类似的工厂屋面下，天花内的辐射加热线圈同时也是建筑物的总供暖系统，融雪的同时屋面坡度也适宜排水。要求广泛使用金属防水板的问题，也以连续在屋面和端墙使用铜质材料的方式获得了优雅的解答。

在有意为之的错综丰富之外，动感悬吊也可视为这座建筑结构暨表现的主题。与屋架整体一致的祭坛十字，作为"浮游"的典型桁架变体的唱诗廊，和由大而轻的材料悬吊在小而强的材料上——分别是木构架和钢拉杆——组成的"鳍"状外部耳室，就是这些造就了结构特有的浮游品质和头顶的有力动感。

这座建筑的不透明性、隐窗等，鲜明地把室外从室内切离出来。在阴影中看到的桁架中央部分的不确定的形式以及沿着桁架的末端部分的空间——只有局部边界可见——产生了不可估量的空间和要素级的神秘感。对外部世界的屏蔽，对信众造成了一定意义的限制；界定成无尽的形式和仅能局部感知的空间，又反常合道地暗示出了与远方乃至无限的一致。这套组合，只要用得不那么道具化，就能产生一种神秘的表情，也能成为一个体系，也是从拜占庭和哥特建筑的室内可以找到的传统的一部分。

天花上下功夫的处理是实用的，因为方法简单且常规。效果则是雅致的，因为它与墙壁和外部的简单、沉重的表达形成了缓和的对比。它在表现上有恰当的宗教味道，有一部分原因就在于它从原则上遵循了哥特结构的体系和效果，甚至它们的弱点——那就是固有的三段式立面问题和费工夫的屋面排水。后者如我所愿，也由怪兽滴水嘴的当代铜质替身在端墙上得到了优雅的解决。

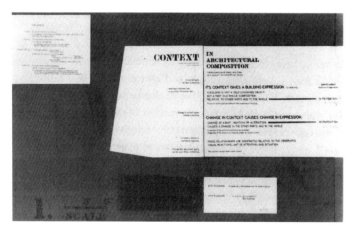

73
艺术学硕士论文图示，普林斯顿大学，1950年，
序言和第1、2张

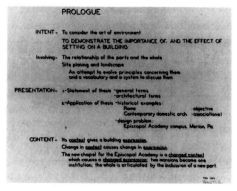

74
艺术学硕士论文图示，序言

75
艺术学硕士论文图示，第1张

76

艺术学硕士论文图示，第2张

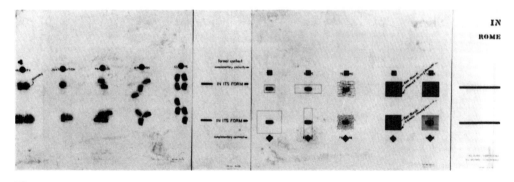

77

艺术学硕士论文图示，第3～6张

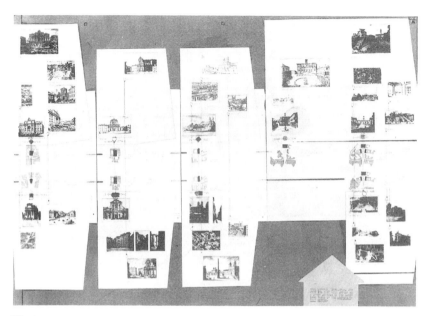

78

历史分析摘录，第7~10张

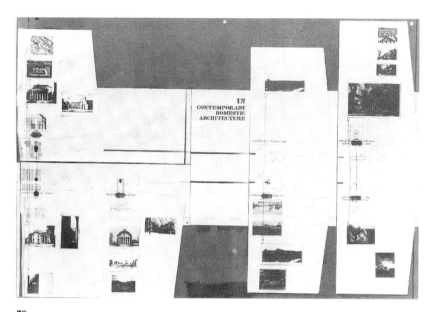

79

历史分析摘录，第11~14张

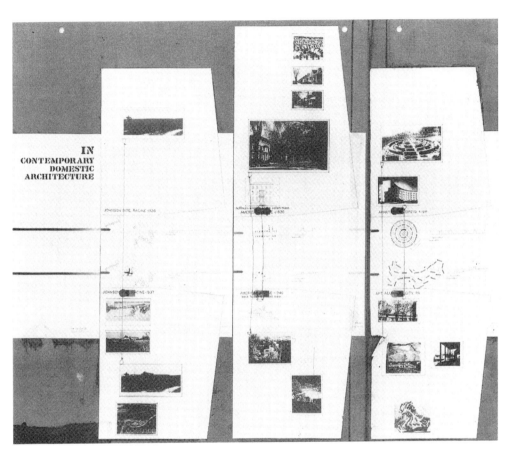

80
历史分析摘录，第12~15张

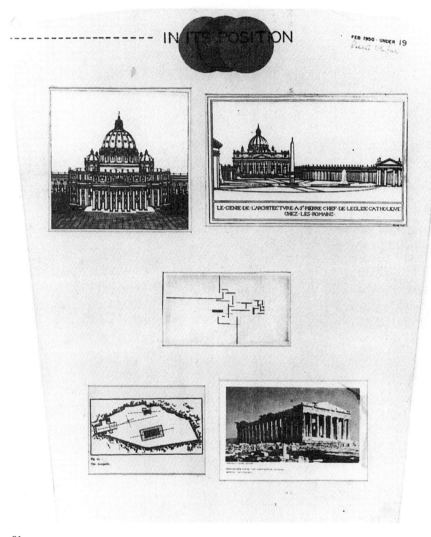

81
历史分析摘录，第9a张

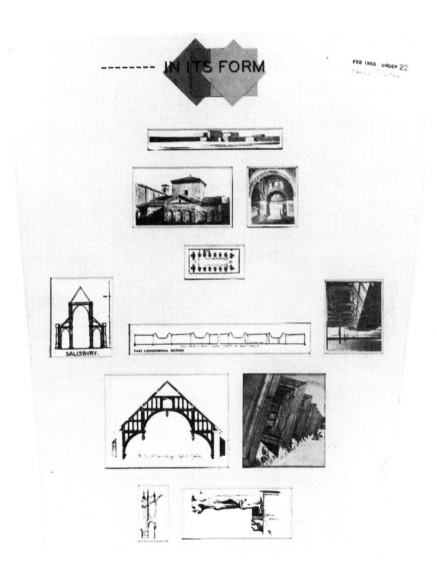

82
历史分析摘录，第22a张

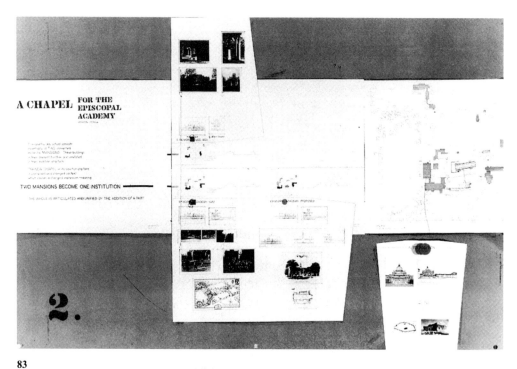

83
设计问题：圣公会学院小礼拜堂，第17～19张

A CHAPEL FOR THE EPISCOPAL ACADEMY

MERION, PENNA.

This country day school consists
essentially of TWO converted
ecclectic MANSIONS. These buildings
in their present function are unrelated
in their position and form.

The NEW CHAPEL in its position and form
is conceived as a changed context
which causes a changed expression-meaning:

TWO MANSIONS BECOME ONE INSTITUTION ━━━━━

THE WHOLE IS ARTICULATED AND UNIFIED BY THE ADDITION OF A PART

84
设计问题，第17张

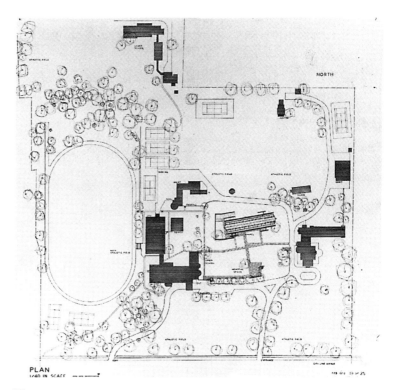

PLAN
1/40 IN SCALE

85
设计问题，第19张

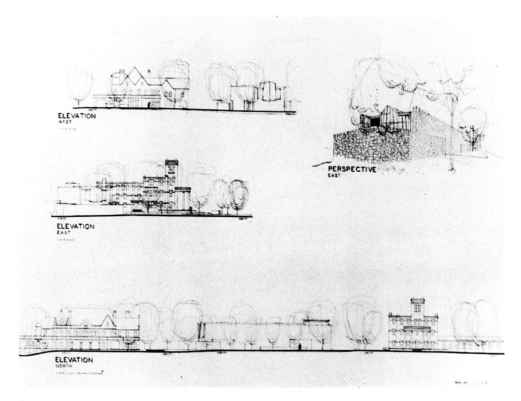

86
设计问题，第20张

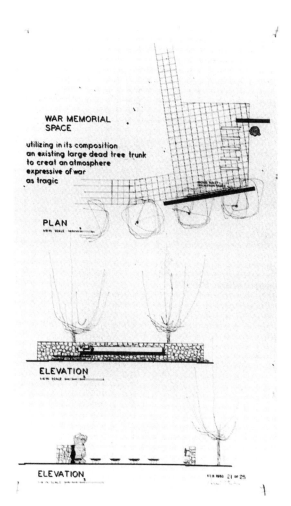

WAR MEMORIAL
SPACE

utilizing in its composition
an existing large dead tree trunk
to creat an atmosphere
expressive of war
as tragic

PLAN

ELEVATION

ELEVATION

87
设计问题，第21张

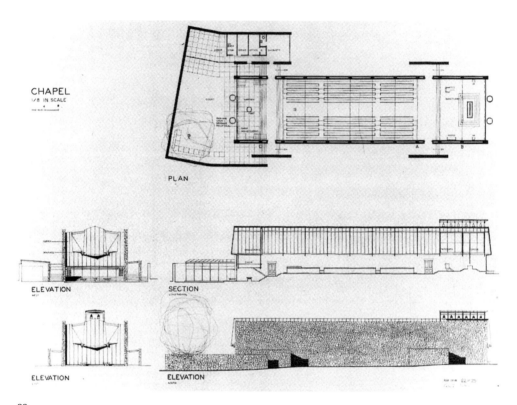

CHAPEL
1/8 IN SCALE

PLAN

ELEVATION

SECTION

ELEVATION

ELEVATION

88
设计问题，第22张

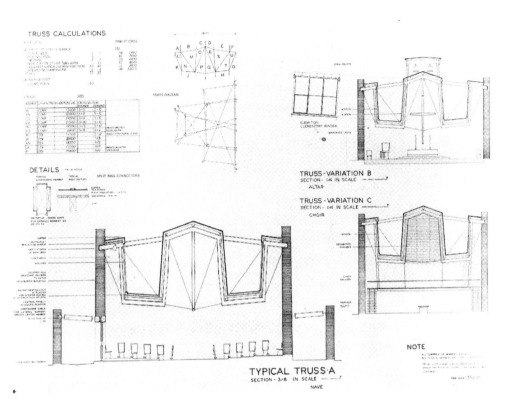

89

设计问题，第23张

透视图
室内
强调　空间-光线

90
设计问题，第24张

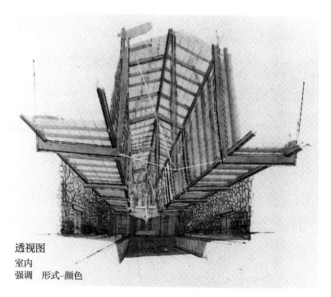

透视图
室内
强调　形式-颜色

91
设计问题，第25张

译者简介

王伟鹏　南京大学建筑学博士，同济大学建筑学博士后出站，国家执业中医师。2020年前主要从事西方建筑历史与理论、美国建筑、建筑翻译等方面的研究工作。代表译作为《现代建筑口述史：20世纪最伟大的建筑师访谈》（2019年）。2020年开始，转行从事中医临床工作，翻译为诊余之乐事。

陈相营　先后于青岛理工大学、南京大学学习建筑，现就读于南京大学戏剧系。

童卿峰　澳门理工学院中英翻译学士，英国爱丁堡大学语言学硕士研究生，主攻语言学与翻译学研究。